内心强大心理学
多面的自我

李 萍 —— 编著

中国纺织出版社有限公司

内 容 提 要

罗伯特·霍尔登曾说："不要试图变成理想中的那个人，而是要给自己留出足够长的时间，找到自己真正的模样。"可以说，探索自己是一切修行的原点。认识自己，就像从各个角度清楚地看见泥土下埋着一颗怎样的种子。只有真正认识自己、接纳自己，才能活出自己。

本书以探索自我为出发点，从情绪、认知、社交、工作等多方面阐述如何更深刻地认识自己，如何处理自我心理问题，找到不同的"我"之间的紧密关系，从而使自己过上更好的、更适合自己的生活。如果你正处在迷茫当中，不妨打开这本书，给自己一个探索自我、改变自我的机会。

图书在版编目（CIP）数据

内心强大心理学：多面的自我 / 李萍编著. -- 北京：中国纺织出版社有限公司，2024.7
ISBN 978-7-5229-1592-0

Ⅰ. ①内… Ⅱ. ①李… Ⅲ. ①心理学—通俗读物 Ⅳ. ①B84-49

中国国家版本馆CIP数据核字（2024）第066798号

责任编辑：李 杨　　责任校对：高 涵　　责任印制：储志伟

中国纺织出版社有限公司出版发行
地址：北京市朝阳区百子湾东里A407号楼　邮政编码：100124
销售电话：010—67004422　传真：010—87155801
http://www.c-textilep.com
中国纺织出版社天猫旗舰店
官方微博 http://weibo.com/2119887771
天津千鹤文化传播有限公司印刷　各地新华书店经销
2024年7月第1版第1次印刷
开本：880×1230　1/32　印张：6.5
字数：110千字　定价：49.80元

凡购本书，如有缺页、倒页、脱页，由本社图书营销中心调换

前 言

许多古希腊的哲学家都认为，人类的最高智慧就是认识自己。人必须认识自己、了解自己，才能理解自己生命的意义、自我的价值和真正的快乐是什么，并且认识到怎样才能实现这些需要。

你真的认识你自己吗？随着年龄的增长，我们是不是离真实的自己越来越远了？为什么人在长大之后，反而会变成自己曾经讨厌的人？为什么你明明很努力，生活却一团糟？为什么一起工作的同事都升职了，你却一无所获？

人在成长过程中总会经历各种各样的事情，无论是好的还是坏的，这些经历都会让我们更加成熟，也让我们更加清楚地认识真实的自己。或许，我们曾经是脆弱的，无法承受太多的压力，不过在经历一些挫折后会逐渐变得坚强，然后我们会发现那个坚强的"我"。困难是不可避免的，只有坚持下去，才能获得更好的结果。我们曾经常常在意他人的评价，总想着取悦别人，但我们逐渐会认识到自己的价值，明白自己才是独一无二的，并为此自豪。因此，我们要学会接受与尊重自己，哪

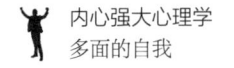

怕是自己的一些缺点，也要逐渐开始接受并且尊重。毕竟没有人是完美的，我们应该尊重自己的人格，做最好的自己。随着年龄的增长，我们会逐渐意识到，自己内在的力量是巨大的，学会从内心获得力量，勇敢地面对挑战和困难。所以，了解真实的自己是十分重要的。我们应该认真思考自己的经验、内心感受和价值观，学会坦然接受自己的不完美。只有这样我们才能更加自信，过上更加充实的生活。

读完这本书，你会更明白你和自己的关系，以及你和世界的关系。你会洞悉自己，并学会重新审视自我价值。你所有的敏感、焦虑、自卑、愤怒、迷茫等情绪问题，都能在这里找到答案。书中还有简单好玩的自我心理测试题目，可以帮助我们更加了解自己未知的另一面，发现自己实际的心理情况，并进行相应的疏导，帮助我们以更加宽阔和自由的心态看待自己和周围的人。每个人的心里都住着不止一个"我"，我和"我们"的和解便是心理发展和人格的成长之路。因此，将这本书强烈推荐给所有想要自我和解的人们！

编著者

2023年12月

目　录

001 | 第一章
活在当下，别为尚未发生的事情感到焦虑

欲望少一点，烦恼自然也就少了 / 002
心态淡定，诸事顺其自然 / 005
以平常心看待无常事 / 008
摆脱焦虑，尽快停止胡思乱想 / 011
活在当下，不要预支明天的烦恼 / 014

017 | 第二章
放松心灵，适度松弛才能走得更远

别把日子过成简单的重复 / 018
放慢脚步，才能欣赏到更美的风景 / 021
全力以赴，向着自己的目标前进 / 023
兴趣可以抵消生活的疲惫 / 026
别让工作成为负担，学会享受工作中的乐趣 / 029
尝试劳动，开启家务的快乐模式 / 032

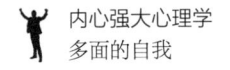

035 | 第三章
接纳自己，别让身心被自责和内疚捆绑

错过一次，就不要再错第二次 / 036

可以反思过错，但不能反悔 / 039

沉浸在悔恨中对未来毫无帮助 / 042

不要为昨天的问题苦恼 / 044

选择你所爱的，也爱你自己的选择 / 046

学会拥抱今天的阳光 / 048

051 | 第四章
自我调节，积极的情绪让你的人生充满阳光

安顿好自己的情绪最重要 / 052

学会用美的眼光去看世界 / 055

情绪的分类及其特点：了解自己的情绪 / 058

有效提高对自己情绪的控制力 / 061

好心情全靠自己创造 / 064

宽容能让你摆脱负面情绪 / 066

心境简单，才有快乐的心情 / 068

071 | 第五章
控制情绪，别让内心的怒火燃烧自己的理智

你的愤怒到底从何而来 / 072

目 录

采用冷处理，让怒气迅速降温 / 074
浇灭火焰，不让愤怒灼伤自己 / 077
学着放宽自己的心境 / 079
多一点思考，就可以避免烦恼 / 082
学会换位思考，控制住自己的脾气 / 084

087 | 第六章
摒弃自卑，重塑自信开启人生新篇章

接纳自己，发挥自己的优势 / 088
犯错是一件很正常的事情 / 091
不必追求完美，有点缺点更可爱 / 094
放下自卑，发现不一样的自己 / 096
鼓励自己，播下一颗自信的种子 / 098
钝感力可以治愈情绪敏感 / 100
别让比较夺走你的快乐 / 102

105 | 第七章
懂得释放，给你奔涌的情绪提供发泄口

向朋友倾诉内心的苦闷 / 106
偶尔争吵，有助于快速化解矛盾 / 109
旅行同样可以调节情绪 / 112
适度运动，可以带来好心情 / 115
随心所欲，活出真实的模样 / 118

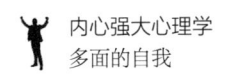

拥有好心态，才能驾驭人生 / 120
要懂得适当宣泄 / 123

125 | 第八章
心理暗示，正向情绪会让你的人生不同凡响

激发积极情绪，战胜消极情绪 / 126
反复暗示，学会做快乐的自己 / 128
唤醒自我，立即行动起来 / 131
自我暗示，最快速的情绪调节法 / 134
用心理暗示法控制坏情绪 / 137

139 | 第九章
转移效应，努力摆脱坏情绪走上快乐之路

情绪转移定律，巧妙化解负面情绪 / 140
情绪激动时，调一调呼吸 / 143
学会遗忘，心境自然会放松下来 / 145
转移注意力，让不良情绪逐渐消散 / 147

151 | 第十章
赶走悲伤，别把自己困在痛苦的往事里

化悲痛为力量，勇敢前行 / 152
别再为过去忧伤，学会向前 / 155

放下过去的伤痛，朝前看 / 157

放下昨日的失败，重振今日的信心 / 159

161 | 第十一章
战胜忧郁的阴霾，让阳光照亮心灵

保持积极心态，摆脱抑郁 / 162

如何摆脱患得患失 / 165

建立信任，远离猜忌的烦恼 / 168

摆脱孤独感，获得真正的朋友 / 171

173 | 第十二章
放下怨恨，学会遗忘痛苦才能迎接新生活

淡化仇恨，用宽容面对世界 / 174

化解内心怨恨，重拾平和心态 / 176

别让仇恨毁了你的人生 / 178

以德报怨，让对方的敌意如冰消释 / 180

感谢伤害你的人，他让你变得更优秀 / 183

走出怨恨，做快乐的自己 / 185

187 | 第十三章
学会释怀，凡事看开一点

给自己一个微笑，让心情豁然开朗 / 188

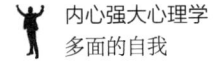

人生没有退路，凡事尽力而为 / 191
享受过程，而不是计较结果 / 193
放平心态，别为小事情紧张 / 196

参考文献 / 198

第一章
活在当下,别为尚未发生的事情感到焦虑

人生漫漫,我们需要操心的事情太多,现代社会中生存压力过大,这让很多人陷入了焦虑情绪中。然而,对未来担忧过多实际上是自寻烦恼。对人生、对事对物、对名对利本应有的态度是得之不喜、失之不忧、宠辱不惊、去留无意。身处现代社会中的我们,应该拥有这种饱经世事的心态,这样才能心境平和、淡泊自然。只有做到淡定面对,才能心态平和、恬然自得、达观进取、笑看人生!

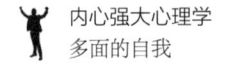

欲望少一点，烦恼自然也就少了

"贪者，恶之大也""祸莫大于不知足""非智之不足，非技之不胜，利令智昏，贪婪之心，才是天下祸机之所伏"。贪婪是人性的一大弱点。一般而言，贪婪心理的形成主要是由于错误的价值观念：社会是为自己而存在，天下之物皆为自己所有。这种人存在极端的个人主义思想，永远不会满足。他们得陇望蜀，有了积蓄想房子，有了房子想车子，从不会满足。于是，他们陷入无止境的欲求之中，一旦自己的欲求满足不了就开始产生焦虑情绪，有何快乐可言？

不管你是在温室中成长，还是在困苦中挣扎，欲望都会存在于你的心中。欲望可以成为我们的信念，支撑我们渡过难关，但欲望也容易上瘾。皮埃尔·布尔古说过："人们常常听到这样一句话：'是欲望毁了他。'然而，这往往是错误的。并不是欲望毁了人，而是无能、懒惰、糊涂。"

从前一家兄弟三人：老大脑子不灵光四十好几的人，还是孤身一人，整日破衣烂衫，连一身像样的衣服都没有。有人问他："你最大的心愿是什么？"他情不自禁地脱口而出："要随我心，天天新衣。"

老二生活在小康之家，衣食不缺，只是长相太丑，找了一个难看的女人为妻。当问到他的心愿时，他迫不及待地说："要随我心，天天娶亲。"

老三由于经营有方，再加上天资聪慧和好运连连，已经是远近闻名的富豪。当人们问他有什么心愿时，他毫不顾忌地说："要随我心，挖一窖金。"

这只是个故事，但从中可以看出人的贪婪之心。"人心不足蛇吞象"，多么贴切的比喻。仔细再想，其实我们又何尝不是如此呢？读过这个故事，我们都应该好好地反思一下：我们怎样才能摆脱贪婪之心呢？

1.警示自己

我们可以用前人的反面事例来警示自己。现实中的许多人，因为贪婪，以致身败名裂，留下千古骂名，到头来后悔莫及。我们应以前人的事例时刻警示自己，消除贪婪心理。

2.自我反思法

你可以拿出一张纸，然后在纸上连续列出20种自己想要的事物。应不假思索，一口气列完。全部写完后，逐一分析哪些欲望是合理的；哪些是过分的，这样就能明确贪婪的对象与范围，对照造成贪婪心理的原因及其危害，给自己做较深层的分析。

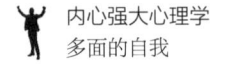

3.常葆知足之心

人们常说:"知足常乐。"人若知足,就不会心生邪念,而"常乐"也就能保持心理平衡了。

心态启示:

我们都是平凡的人,并不能真正做到摒弃功利,甚至连哲学家也不会对人性的这一弱点刻意避而不谈。对功名的追求有积极的一面,但过于执着,孳衍成无限膨胀的欲望,则会使人陷入泥潭。我们若想获得快乐,就要学会少要求一点,只要经常修剪自己的欲望,少点欲求就会少一分焦虑!

第一章
活在当下，别为尚未发生的事情感到焦虑

心态淡定，诸事顺其自然

人们常说"心急吃不了热豆腐"，指做事不要急于求成，应踏踏实实。的确，过于焦虑的人，生活是不会积极回馈他的。太想成功的人，只会与成功无缘；太想赢的人，最后往往很难赢；太想达到目标的人，往往不容易达到目标。过于焦虑就是自寻烦恼，事情的成败往往不是以我们的意志为转移的，欲速则不达，凡事不可急于求成。淡然处之、持之以恒，成功的概率反而会大大增加。

一位少年一心想早日成名，于是拜一位剑术高人为师。他迫不及待地问师傅自己多久才能学成，师傅答曰："十年。"少年又问："如果他全力以赴、夜以继日要多久？"师傅回答："那就要三十年。"少年还不死心，问："如果拼死修炼要多久？"师傅回答："七十年。"

少年学成并非真的要七十年，师傅之所以如此回答，是因为他看清了少年的心态。少年可谓是不惜一切想尽快成功，但没有平和的心态势必以失败告终。渴望成功、努力追求，这都

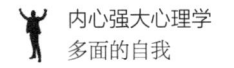

没有错，但渴望一夜成名的心态反而会使人欲速则不达。

其实不光是这位少年，在现实生活中类似的急功近利者并不鲜见。他们凡事过于追求速度，以至于无法持之以恒。急于求成、心态浮躁，往往会使人不注意做事的质量，把最简单、最普通的事搞得一塌糊涂，更不必说富有挑战性的大事了。

事实上，一种能力的获得、一个目标的达成，都不是一蹴而就的，而是需要艰苦历练与奋斗的过程。正所谓"宝剑锋从磨砺出，梅花香自苦寒来"，我们做任何事都应该本着脚踏实地的原则，一步一个脚印才能走向成功。因此，任何急功近利的做法都是愚蠢的。急于求成只能适得其反，结果也只能功亏一篑，落得拔苗助长的笑话。

强扭的瓜不甜，强求的事难成。以淡定的心态面对，往往会水到渠成。人们的主观愿望与现实生活总是有差距的。我们千万不可把自己的主观意愿强加于客观现实，而应该学会随时调整主观与客观之间的差距，凡事顺其自然。有些事情就是很奇怪，你越努力渴求，它却越迟迟不来，让你等得心急火燎、焦头烂额。终于，你等得不耐烦了正想放弃时，它却又如从天而降，给你个惊喜满怀。

子曰："无欲速，无见小利。欲速，则不达；见小利，则大事不成。"真正成大事者都遵循自然的规律，遇事临危不乱、镇定自若，他们都有一份定力，这是有长远眼光的表现。凡事只有不急于求成，才能真正有所成就。

顺其自然不是消极避世的生活态度，而是站在更高层次来俯视生活的一种感觉。

心态启示：

人生路上，无论何事，最忌急于求成。凡事只有经过深思熟虑再行动，才有更多成功的机会。不按照事物的发展规律办事，只能是徒劳无功。如果我们在生活中学会按客观规律办事，就会获得事半功倍的效果。

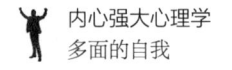

以平常心看待无常事

没有什么情感比焦虑更令人苦恼了,它会给我们的心理造成巨大的痛苦。而焦虑并非由实际威胁所引起,其给人的紧张惊恐程度与现实情况往往很不相符。通常来说,焦虑是无谓的担心。我们要想摆脱使人苦恼的焦虑,就要平静身心。

和煦的春风里,师傅带着小和尚来到寺庙的后院打扫冬日留下的枯枝残叶。小和尚建议说:"师傅,枯叶是养料,快撒点种子吧!"

师傅说:"不着急,随时。"

种子到手了,师傅对小和尚说:"去种吧。"不料一阵风起,种子撒下去不少,也被吹走不少。

小和尚着急地对师傅说:"师傅,好多种子都被吹飞了。"

师傅说:"没关系,吹走的净是空的,撒下去也发不了芽,随性。"

刚撒完种子,这时飞来几只小鸟在土里一阵刨食。小和尚急着对小鸟连轰带赶,然后向师傅报告说:"糟了,种子都被鸟吃了。"

第一章
活在当下，别为尚未发生的事情感到焦虑

师傅说："急什么，种子多着呢，吃不完，随遇。"

半夜，一阵狂风暴雨。小和尚来到师傅房间带着哭腔对师傅说："这下全完了，种子都被雨水冲走了。"

师傅答说："冲就冲吧，冲到哪儿都是发芽，随缘。"

几天过去了，昔日光秃秃的地上长出了许多新芽，连没有播种到的地方也有小苗探出了头。小和尚高兴地说："师傅，快来看呐，新芽都长出来了。"

师傅依然平静地说："应该是这样吧，随喜。"

这则故事告诉我们，人生无常，只要保持内心平静，无论外在世界怎么变幻莫测，我们都能坦然面对，做到不为情感左右、不为名利牵引，从而洞悉事物本质，实事求是。

对此，我们应积极寻求克服焦虑的心理策略，以下三种自我调节方法或许有助于早日摆脱焦虑。

1.挖掘出引起焦虑和痛苦的根本原因

研究发现，焦虑的产生是有一个过程的。在人们的潜意识中，长期存在一些被压抑的情绪体验，或者曾受过某种心灵的创伤，这些感受就会以一些反常的形式体现出来，严重时甚至会产生焦虑症。因此一旦发现自己有焦虑情绪，就应该学会自我调节、自我调整，把意识深层中引起焦虑和痛苦的事情挖掘出来，必要时可以采取适当的方法进行发泄，将痛苦和焦虑尽情地发泄出来，发泄之后，症状可得到明显减轻。

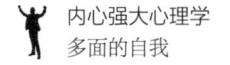

2.尽可能地保持心平气和

要摆脱焦虑,最忌急躁。平和的心态是舒缓焦虑情绪的关键。凡事看淡一些,这对摆脱焦虑尤为重要。

3.必须树立起自信心

易焦虑的人通常有自卑的特点,他们遇事时多半会看低自己的能力而夸大事情的难度,一旦遇到挫折,焦虑情绪和自卑心理更为明显。因此,在发现自己的这些弱点时,就应该予以重视并努力加以纠正,决不能存有依赖心理,等待他人的帮助。要树立自信,有了自信心就不会害怕失败。即使十次之中成功一次,也会增添一份自信,焦虑情绪自然会逐渐退却。

心态启示:

人生的平淡和起伏都是生命的轨迹,只有内心平和的人才能体味其中的真谛。因此,我们不妨以平常心看待生活,用心去享受简单生活中的快乐幸福!

第一章
活在当下，别为尚未发生的事情感到焦虑

摆脱焦虑，尽快停止胡思乱想

有人说过这样的话，人生的冷暖取决于心灵的温度。可如今这社会就像一个大熔炉，把我们的心烧得沸腾、喧嚣起来，忙碌紧张的生活更是让我们的心焦虑不安。我们常常会担忧：要是失业了怎么办、这个月又该还房贷了、我好像老了……令我们焦虑的问题实在太多了，而由此引起的负面情绪会一直纠缠我们，哪还有快乐可言。"身是菩提树，心如明镜台。时时勤拂拭，勿使惹尘埃。"实际上，任何一个人行走于世的时间长了，心灵都难免会沾染上尘埃，让自己的心安静下来，淡然面对一切，快乐就不会减少。我们身边有很多每天都开心生活的人，他们的共同特质在于，无论外界多么嘈杂，始终会为自己的心灵留一片净土。

蓝迪曾是一位陆军军官，后加入一家管理咨询公司。在这家公司，他是除创始人以外唯一不是工作狂的人。

再后来，他去了另外一个国家，创办了自己的公司。这家公司的员工工作很努力，因此公司发展得很快。员工们都很羡慕蓝迪，因为蓝迪的工作很简单，每天只参加重要客户的会

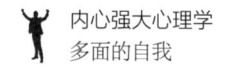

议，其他事务都授权给年轻合伙人处理。

蓝迪认为，领导者应该懂得把握主要工作，因此他把所有精力用于思考如何在与重要客户的交易中获利，再安排用最少人力达到此目的。

在下属看来，蓝迪几乎是个超人，他似乎没有同时遇到过三件以上的急事，他通常一次只处理一件事，其他的则暂时摆在一旁。可以说，蓝迪是个工作效率高的领导者。他之所以能成功管理自己的团队，就是因为懂得抓大放小，放下那些琐事，把主要精力放在更为重要的事情上。

从这里，我们可以看到，内心安宁能帮助自己活得更轻松。同时，内心安宁、不焦虑也是让我们不断前进的保证。相反，面对激烈的竞争，面对瞬息万变的环境，内心焦虑的人往往看不清楚真正的自己，也就不能及时察觉自身的缺点，不能用最快的速度修正自己的发展方向，这样的人必然会在学业和事业中落伍，被无情的竞争淘汰。

现实生活中，一些人在人生发展的道路上不能静下心来，焦虑使他们把命运交在了别人手里，或者人云亦云盲目跟风。他们忽视了自己的内在潜力；看不到自身的强大力量，甚至不知道自己到底需要什么；不知道未来的路在哪里，于是他们浑浑噩噩地度过每一天，从事着自己不擅长的工作和事业，以至于踟蹰不前，一直无所成就。

第一章
活在当下,别为尚未发生的事情感到焦虑

心态启示:

别忘了,要想不断进步,就要放下焦虑的情绪,让心安宁下来。只有这样才能发现自己的缺点或者做得不够好的地方,然后加以改正使自己不断进步,并扬长避短,发挥自己的最大潜能,从而不断地获得成功。

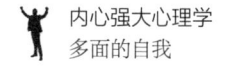

活在当下，不要预支明天的烦恼

人生在世，谁都希望自己未来能走一条光明的康庄大道。然而，明天还未到来，过多的焦虑毫无意义，还不如着眼当下，努力过好今天。那么你收获的就不只是实力，还有一份淡然的快乐。

鲍威尔从小就十分喜欢摄影，他大学毕业后对摄影到了痴迷的程度，无心去工作挣钱。鲍威尔过着简单的生活，不理会自己是富有还是贫穷，只要能摄影就够了。他穿着破裤子，吃着最便宜的汉堡包。在别人眼里他不过是一个困苦贫穷的人，而鲍威尔自己却觉得异常快乐。

在鲍威尔27岁时，他的人物摄影技术开始受到关注。鲍威尔成了世界公认的人物摄影大师，并为英国首相拍摄人物照，从此一发而不可收拾。他至今已为全世界100多位总统、首相拍过人物摄影，请他拍摄的世界名流更是数不胜数，排队等候一两年是常事。鲍威尔最终成了一位真正的世界顶级摄影大师。

第一章
活在当下，别为尚未发生的事情感到焦虑

从鲍威尔的故事中我们得知，在实现人生目标的过程中，一个人只有内心平静、努力充实自己，等待时机、戒骄戒躁，日子才会过得悠然自得、从容不迫。不去羡慕别人才会找到自己的生活，完成自己的事业。

通常来讲，越是有所追求、想干点事的人，可能遇到的烦恼和痛苦就越多。凡事达观一点，看开一点，相信自己，终会心想事成。

在人生旅途中，很多人为明天焦虑，担心明天的生活、明天的工作，实际上这不过是杞人忧天，我们谁也无法预料明天，我们所能掌控的只有当下。若想获得成功的人生，不仅要积累基础知识，更要修炼心性。心态改变命运，过好当下，全身心投入现在的生活和工作才是最重要的。未来靠的是现在，做什么、怎样做、要达到什么目标，这些决定了未来的样子。

要放下为明天担忧的苦恼，就要从现在做起，以自身为本，培养艰苦奋斗、开拓进取的精神品质。要树立积极达观的人生态度，就要把个人的成长与社会的发展紧密地结合起来，从狭窄的个人生活天地里走出来，从而实现崇高的人生目标。

心态启示：

其实我们早已知道，烦恼会让我们的身心健康受到威胁，对自身毫无益处可言，生活中从未有人只靠烦恼就可以改善自

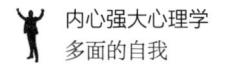

己的生活状况。因此,我们不妨抛却烦恼,做个快乐的人。做一个快乐的人其实并不难,拥有幸福的人生很简单,只要我们放下焦虑,懂得珍惜、把握好今天。

第二章
放松心灵，适度松弛才能走得更远

每个人每天都要为生计奔波，都要面临繁重的工作压力，我们常常需要周旋于各种应酬场合。立身于尘世中太久，你是否觉得压力太大，不知道自己要的到底是什么样的生活？你是否感到身心俱疲？如果是，那么你应该停下脚步，给自己一段独立思考的空间，适当调整工作、学习与休息的时间，经常散散心，放松绷紧的神经，清除内心的情绪垃圾，释放无形的压力，重新起航。

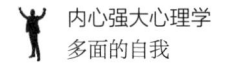

别把日子过成简单的重复

生活是简单、单调并且现实的，我们并不是活在锦衣玉食、花团锦簇中。我们必须为生活、为家庭、为事业奔波，很多时候我们真的会身心俱疲。其实，只要我们懂得调节自己，就能为简单的生活添点色彩。

在旁人看来，刘云应该是个很幸福的女人，她家庭和睦、丈夫事业有成，她每天都有大把的时间做美容、逛街。但谁又知道全职太太的烦恼呢？即使把所有的名牌都买回家，也不能填补内心的空虚；即使打扮得再漂亮，丈夫也没时间多看一眼。更令人烦躁的是，她每天的生活太简单了：早上7点起来，准时为丈夫和儿子做早饭；8点送丈夫出门；中午11点开始为自己做午饭；下午3点喝下午茶、做美容；下午5点开始为丈夫和儿子准备晚饭。

刘云已经这样生活五年了，但最近她却觉得内心特别焦躁。她在想，如果人生剩下的几十年都要这么活下去的话，那该多悲哀？

后来，刘云的一个朋友劝她："你现在还年轻，手上也有资金，为什么不自己开个小店呢？"

"开什么店好呢？"刘云问。

"宠物店啊，你不是最喜欢那些猫猫狗狗吗？再说你住的是别墅区，周围都是有钱人，肯定能挣到钱。"

刘云认为朋友说得有道理，便将自己的想法告诉了丈夫，谁知道他竟然同意了。说干就干，现在刘云的宠物店生意十分红火，生意兴隆，生活自然也就有了干劲。

我们要有好的心态，用平和的心态去面对生活的平凡与简单，并努力让生活变得不单调，从而让自己享受持久的快乐。其实，平凡本身就是一种幸福，你需要做的是感受平凡、持久的快乐。

因此，忙碌的人们，从现在起，不妨先善待自己，让自己的身心都偷一下懒。

（1）每天出门前将自己打扮得干净、利落一点，然后面对镜子，对自己微笑。

（2）每天睡觉前读点书，因为书籍能让我们的灵魂不再空虚。

（3）偶尔写点东西，用文字把自己的心情记录下来。

（4）买适合自己的衣服，不要让衣服束缚你的身体。

（5）可以偶尔变换一下穿衣风格，变换自己的心情，也给他人一个惊喜。

（6）经常变换发型，与服装搭配。

（7）交几个聊得来的朋友，在生活中遇到什么事情，他们能诚心诚意地给你提些建议。

（8）养几盆花草，悉心照料它们，当它们开花的时候，你会很有成就感。

心态启示：

我们在生活中要学会自我调节，拿得起放得下。工作的时候认真工作，玩的时候就尽情地玩。想打扮就打扮、想吃就吃、想睡就睡，随心所欲吧。人生在世难得几回醉？我们要学会善待自己，学会享受生活。

放慢脚步，才能欣赏到更美的风景

人们常说，人生就是一次旅行。在这一过程中，只有跋山涉水不惧艰辛，走过忧郁的峡谷，穿过快乐的山峰，蹚过辛酸的河流，越过滔滔的海洋，才能走到生命的最高峰，领略美好的风景。然而，实际上有时候美好的风景就在眼前，何不放慢脚步欣赏呢？

生活中的很多人，一直信奉勇往直前的原则，向往着未来的、美好的生活，于是他们总是在马不停蹄地追赶。时过境迁，当他们青春年华不再时，才发现自己已经错过了生命里最美的时光。因此，当我们觉得"累"了的时候，不妨告诉自己该放松了。

现代社会中，人们每天都要面临紧张的工作、生活的压力，常常会感到身心俱疲，而实际上这些压力往往是自己强加给自己的。我们总是盯着前方的路，而忽视了当下的风景。

因此，要释放自己的内心，就要学会享受生活，完善内在修养，提高自身能力，争取更大的空间和更好的生活质量，还要有一颗乐观向上的心。

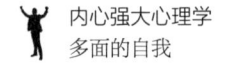

心态启示：

人们常常认为"美好的风景在别处"，有时候还包含着一种对未来生活的幻想。当然渴求改变现有生活并没有什么过错，但如果因此而忽视现有生活的美好，就有点得不偿失了。

全力以赴，向着自己的目标前进

人们常开玩笑说："梦想很丰满，现实很骨感。"并不是所有人都能实现自己的梦想，甚至有一部分人，他们年少时虽有自己的梦想，但在不断的追梦过程中经受不住来自外界的诱惑，逐渐被尘世中的名与利迷乱了双眼，并不断沉沦下去。当他们回首过去时，却发现自己早已经远离了当初的梦想。

吴起是战国时代的名将，谋略超人，但痴迷于名利。他为了求名不择手段。他曾经为了赢得鲁国的信任，竟然杀了与自己共患难并和自己私奔的妻子，就因为他的妻子是齐国人，齐国是鲁国的敌对国。事后他虽然成名，但总遭小人暗算，三起三落。因求名而得名，他做到了。然而，盛名之下，其实难副，因名丧命，他最终失败了。

现代社会，类似吴起的人并不少见。诚然，社会竞争之激烈要求我们不断充实自己，否则就会被社会淘汰。但如果一味地以追名逐利为目的，在不断的追逐中我们终将失去自我而成为名利的奴隶。因此我们需要常常自省，检查自己的行为与思

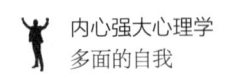

想是否偏离了人生的轨道。

那么，我们该如何以正确的心态提升自己呢？

1. 为自己制订合适的目标和期限

不追名逐利，并不意味着我们要庸庸碌碌而放弃自己的梦想。任何人都有梦想，但并不是所有人都实现了梦想，其中一个重要的原因就是他们没有规定自己要在一定期限内完成自己的目标。于是随着时间的推移，这些人的梦想只能逐渐搁浅。我们常说，没有做不到，只有想不到。也就是说，没有不合理的目标，只有不合理的期限。所以，在设立目标的同时，也一定不能忘了为自己的目标设定期限。

比如，如果你的目标是要完成一本书的写作，但你并没有给自己一个期限，那么你就会不断给自己找借口，不断拖延下去。如果你给自己设定一个期限，如一年，或者两年、三年，你就会按照这个期限来约束自己，在规定的时间内完成。

当然，设置的这个期限需要有一定的紧迫性与合理性，这样才能鞭策我们。

2. 经常为自己充电

"活到老，学到老"，这是现代人必须有的理念。无论是拿出业余时间去深造，还是在工作中不断学习，我们都应该积极思考与行动，为自己做好职业定位，量身打造一个充电计划，这样才能拥有纵横职场的能力。

3.经常自省

你是否会因为周围人升迁、获得财富而心生嫉妒？你是否总是梦想一夜暴富？如果有这样的想法，你最好停下脚步，告诫自己不要迷失了人生的方向。那么，你定能潇洒地看待人生。

心态启示：

人生路漫漫，人生路奇妙，因为各种突如其来的选择，我们与许多本来有缘的道路绝缘，走上原本没有预想过的道路。我们每个人都需要选择正确的人生道路，尽早规划自己的人生，永远给自己新的机会，这样才能离属于你的舞台越来越近！

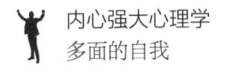

兴趣可以抵消生活的疲惫

我们在学生时代可能都会有偶尔上课打瞌睡的经历，其中一个原因是我们对那门功课不感兴趣。同样，当我们对自己所做的工作不感兴趣时，也会感觉到疲惫、无精打采、业绩差甚至没有业绩。

工作不仅为我们提供了生存的机会，还让我们找到了自己在社会中的价值。但事实上，并不是所有人都能认识到这一点，我们经常看到一些人或因为报酬不理想而放弃现在的工作，或为了一个薪资更好的工作而放弃快乐，或在现有工作上"做一天和尚撞一天钟""得过且过"，他们工作的目的就是为了领取每月按时发放的薪水。

失去工作就等于失去充实的生活。因此，我们要为自己工作，做一行就要爱一行。下面的四个步骤能帮你重新感受工作对于人生的意义。

1. 保持良好的精神状态，迎接每一天的工作

你要始终保持不甘落后、积极向上、奋发有为的状态，清醒地认识自己肩负的责任，增强时不我待、只争朝夕的紧迫感，树立强烈的事业心和进取意识。如果把所从事的工作只当

成一个混饭吃的营生,那么你就很难有工作积极性,也就很难做好工作。

2. 不要只把注意力放在金钱上

钱是赚不完的,因此我们不要把眼光只放在薪金的多少上,而是应该多关注自己创造的价值上。工作带给你的成就感和满足感是超越金钱上的报酬的。

3. 找出你在工作上的重要价值

请思考:当初你为何选择这份工作?如果这只是一份临时的工作,你是否认真考虑过将来真正想做的事是什么?然后问你自己:因为我的加入,这份工作是否变得不一样?正确的价值观在个人成就感及福祉中扮演着重要角色。

检讨自己为何做现在的工作并不代表你不满意它,只是在花些时间自省。这样的省察会让自己意识到工作带来的成就感,加强自我实现的愿望,知道自己真正在做什么。

4. 敢于问自己做这份工作是否值得吗

如果你在工作中根本发现不了自己喜爱的部分,正想尝试换另外一份工作,那么你应该考虑一下以下原因:你是不是没找到在工作中努力的方向,而不是这份工作本身不好?你是否喜欢工作中的自己?若答案为否,你能够做一些改变吗?或者你是否想要换到另一部门工作?是否有其他责任使你无法完成该做的工作?所以,你也许只需要重新调整好定位,审慎地进行改变。

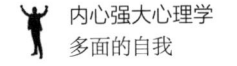

心态启示：

当我们能做到为自己工作、为明天积累时，将拥有更大的发挥空间，以及更多的实践和锻炼的机会。找到工作中的乐趣，能够让你在工作岗位上更主动、更积极地处理各项事务，为自己不断开创新的机会和发展空间！

第二章
放松心灵，适度松弛才能走得更远

别让工作成为负担，学会享受工作中的乐趣

曾经在网络上有个被网友广泛讨论的帖子，内容是这样的：

"你最痛苦的事情是什么？"

"加班。"

"比加班更痛苦的事呢？"

"天天加班。"

"比天天加班更痛苦的呢？"

"义务加班。"

为什么这段话能受到网友们的共鸣？很明显是因为它真切地传达了很多人内心对工作的情绪。如果你对这种情绪有同感，就表明"倦怠情绪"正在你的身体中蔓延。

小夏是一家知名化妆品公司的员工。在大多数人眼里她是一个幸运儿——目前从事化妆品的市场推广工作，既与自己的专业对口，又与自己的兴趣相投。她已经在这个公司工作了整整7年。

7年来，小夏没有得到升职，她觉得工作越来越没劲。她

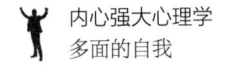

无奈地说："我每天都不想上班，想着只要不出错就万事大吉了。虽说我曾为了实现自己的梦想付出了很多，但现在那种职业成就感没有了。"

小夏的情况在职场白领中较为普遍。我们首先可以为自己做个一诊断，看看自己是否正处于倦怠中。

（1）对工作开始缺乏热情、注意力不集中、对上级交代的任务提不起兴趣、工作时间延长、同样的工作需要花费更多的时间。

（2）经常会出现头痛、胃痛、肌肉酸痛等症状。

（3）开始莫名其妙地猜疑一些事情，如怀疑自己生病了，不停地去看。

（4）食欲不振，失眠。

（5）在工作中情绪不稳定、对人际关系敏感、遇事容易着急、一着急又容易发火。

以上五个症状，如果你有三种以上，就要警惕了，你很可能已经成为一只可怜的职场"倦鸟"。

那么，如何才能消除这种职场倦怠感呢？

1. 科学规划职业生涯

先了解自己的特长、优点等，这样你就能寻找到适合自己的工作，并在工作中得到成就感和满足感，你的职业前景也会变得明朗、开阔起来。

2.端正自己的心态

工作并不只是为了获得每月定时发放的工资，工作更是一种自我价值与社会价值实现的过程，因此我们每天都要带着阳光的心态去工作。

3.与同事、上司搞好关系

在工作中与上司、同事的关系如何，直接关系到你在工作中的心情、效率等方面。

4.学会休息

不会休息的人同样不会工作。即使你再忙，也一定要保证每周至少有一天的休闲时间，让自己从繁忙的工作中脱离出来。

心态启示：

所谓职业倦怠，指的是人们因为缺乏职业目标和规划，或者因为工作中出现某些问题、对工作环境等方面不满而导致的工作热情缺乏、工作效率下降的现象。

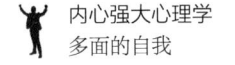

尝试劳动，开启家务的快乐模式

每位成家的人都有一种真切的感受，似乎总有做不完的家务事。他们永远像忙碌的小蚂蚁，不仅要为工作操心，还要为烦琐的家务劳神。其实，生活本就是烦琐的，家务更是永远也做不完的。若想让自己的身心轻松一些，就要学会在简单中寻求突破，让家庭生活多元化起来。

人们都很好奇，王女士如何做到每天不光把家庭照顾得井井有条，还能乐呵呵的。一天，王女士和大家分享了她的日常生活。

"今天（周六）休班，恰逢小的上学老的上班，不用早早地起来做早饭、紧赶慢赶地做午饭了，可以享受下这难得的轻松和自在了。于是我决定纵容一下自己：赖一下床，不去做家务，而昔日的周六我都是蓬头垢面地埋在家务堆里整整一天的。

"看了下时间，将近11点了。接下来我把音响打开，听着轻音乐开始拖地。我发现这个做法还真不错，偌大的屋子一下子就搞定了。

"到12点半的时候家务活差不多做完了,我给自己煮了杯咖啡,我还是喜欢黑咖啡的味道……

"其实我对家务并无怨言,有时候觉得是一种乐趣,而且是当成休息来进行的。比如今天,我一边收拾一边来了兴致,拿着相机乱拍,今日的主要目标是我的绿萝。

"做一位主妇是不易的,要学会在适当的时候调适一下自己。忙碌之余为自己沏上一杯咖啡,端坐在自己的领地,悠闲地读上一本好书,或在网上冲浪,也是一种惬意。"

听完王女士的叙述,似乎家务也并不是一件令人犯愁的事。那么,我们应该如何轻松地做家务呢?

1. 不要有心理负担

在做家务时不要总督促自己:"这么多事,今天必须要做完。"也没有必要把做家务当成是一件必须做的事,即使不做完也没什么。可以转换一下想法:做家务是一件放松心情的事,可以让自己远离费心劳神的工作。这样,做家务的兴致便油然而生。

2. 不要操之过急

既然家务并不是一件必做不可的事,那就没必要图快,过多考虑做家务的速度和质量,只会让人容易产生疲劳感。为此,不妨尝试听着音乐做家务,这样不仅不会觉得疲劳,还会觉得是一种享受。在闲暇时哼着小曲整理一下衣柜,把不再穿

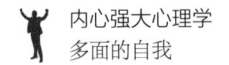

的衣服送给适合穿的人,看着孩子的小衣服还会想起孩子小时候的可爱,这也是一种精神享受。在做完家务后不妨为自己泡上一杯茶,犒劳一下自己。

3. 不必过分认真

有不少人对自己乃至家人做家务的质量总是不满意,比如,衣服没有洗干净、地没有拖干净等,对此唠叨不休。这么一来,做家务还有什么意思呢?即使家务没做好,也不是什么违反原则的事,对此不必较真。

心态启示:

面对烦琐的家务,若我们能以一种闲适的心情来做,把它当成一种乐趣,那么做家务就会成为我们放松心情的一种享受!

第三章

接纳自己，别让身心被自责和内疚捆绑

有人说，生活就是一个体验的过程。的确，生活中有浮有沉、有高有低，但无论如何，我们都要从容、积极地面对，如同明早太阳依旧会照常升起。一味地悔恨只会阻碍我们前进的步伐，我们要追求心中理想的生活方式、生活目标，就要积极一些、乐观一些、努力一些！

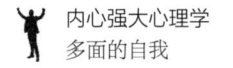

错过一次，就不要再错第二次

人无完人，每个人都有弱点，难免会犯错。但人贵在有懂得改错的优点，在犯过一次错误后多半能从中吸取教训，找到错误的根源，从而避免再犯。因此在错误面前，大可不必过分自责。

某动物园内，一天工作人员发现丢了一只袋鼠，还是一只高大的袋鼠。于是工作人员开会讨论商量对策，他们得出的结论是：丢失的是一只高大的袋鼠，因此一定是栅栏的高度不够。他们决定将围栏的高度由原来的3米加高到4米。可出乎意料的是，第二天袋鼠还是跑出来了，他们又将高度加高到5米。令工作人员百思不得其解的是，第三天袋鼠还是跑出来了，工作人员下定决心将围栏的高度加高到6米。然而这次更糟糕的是，袋鼠不仅跑了出来，还跑得更远了。工作人员真的束手无策了。

那么，到底是什么原因让袋鼠得以逃跑呢？

另一边，几只袋鼠闲聊："你们认为，那些人还会继续加高我们的围栏吗？"

"很难说，"一只袋鼠说，"如果他们继续忘记关门的话！"

看完这个寓言故事，我们不禁感叹，动物园的这些工作人员居然接二连三地犯同样一个错误。他们没有思考采用的方法是否行得通，而是在一条错误的道路上越走越远，结果就是一错再错。

这个故事给我们的教训是，无论是工作还是学习，如果发现在同一个问题上接二连三地出现错误，就应该重新考虑解决的方法是否正确。回头看看，也许答案就在身后。我们经常会忽略一些虽小但很关键的问题，因为人一旦形成一种思维定势，就很难再跳出来重新审视问题。

的确，在这个世界上，谁都难免犯错误，要不犯错误，除非什么事都不做。从另一个方面看，一味避免犯错误的人，其成长道路也会受到限制。在现实生活中，仅有学校的知识是不够的，还必须具备社会的智慧。生活是最严厉的老师，与学校教育方式不同，生活的教育方式是先让我们遭遇挫折，然后从中吸取教训。在学校，我们可能会因为没犯错误而被误认为是聪明的学生，而在生活中，我们的智慧恰恰是因为我们犯过错误，并且从中吸取教训。如果一个人真的从所犯的错误中吸取了教训，他的生活就会发生改变。因此，他获得的不只是经验，更是智慧。

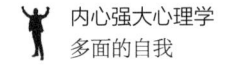

可见，对于错误，应有的态度是对自己宽容，犯了错误不应过分自责，而是要努力做到不再犯。

心态启示：

温斯顿·丘吉尔说过："成功，是一种从一个失败走到另一个失败，却能够始终不丧失信心的能力。"因此，即使你做错了事，也不要总是责备自己。你要做的是尽快停止自责，然后摆脱悔恨的纠缠，使自己有心情去做别的事情。如果悔恨的心情一直无法摆脱，一直苛责自己、懊恼不已，就会陷入一种病态。

可以反思过错，但不能反悔

生活中，我们经常要面临两难的抉择，尤其在现在这个信息多而复杂的社会中，做出正确的抉择更不是一件易事，这就需要我们有出色的判断能力。但无论作出什么决定、采取什么行动、得出什么结果，都不要反悔。你要明白的是，反思可以让你成长，但反悔无济于事。你需要不断反思自己的过失，在反思中前行。

一次，孔子和他的弟子子路、子贡、颜渊到海州游玩。孔子听到"隆隆"的声响，对子路说："山的那边在打雷和下雨，为何还要赶着去？"子路说："这不是雷雨声，而是海浪拍岸之声。"孔子从未见过大海，想到海边去看看大海，于是孔子一行乘车到了海边的山脚下。

孔子和他的弟子爬上了山顶，只见水天相连，海阔无际，他们都兴奋极了。这时孔子感到又热又渴，便让颜渊下山去舀海水来喝。

颜渊拿了盛器正要下山，忽听到身后有人在笑，大家都觉得很奇怪，回头一看是个渔家孩子，于是就问他笑什么。那个

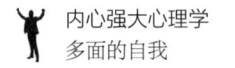

孩子说："海水又咸又涩，不能喝。"说完，他把盛了淡水的竹筒递给了孔子。

孔子解了渴，十分感谢那个孩子，正想道谢，忽然海风吹来了一阵急雨，子路一看着急了，大声嚷道："糟糕，现在到哪里去躲雨呢？"

那个渔家孩子对大家说："你们都不用着急，请跟我来！"说完，那孩子就带领孔子一行人进了一个山洞，这是他平时藏鱼的地方。孔子站在洞口，边躲雨，边观赏着雨中的海景，不由得诗兴大发，吟出了两句诗："风吹海水千层浪，雨打沙滩万点坑。"孔子的三个弟子都齐声赞扬孔子的诗作得好，那孩子却持反对态度，对孔子说："千层浪、万点坑，你有没有数过？"孔子心服口服地对孩子的反诘表示认可。

雨停后，那孩子又到海上打鱼去了。孔子回想起刚才发生的几件事，歉疚而又自责地对三个弟子说："我以前讲过，唯上智与下愚不移，看来这并不妥当，还是应该提倡'学而知之''知之为知之，不知为不知'。"

孔子在当时已是名扬天下的贤人，但在一个孩子面前，他能认识到自己的不足和错误并勇于承认。这正是孔子的圣贤之处。

在生活中，很多人在遭遇挫折或犯了错误时不是反躬自省，而是责怪或迁怒别人，对于自己的过错，他们总是想方设法找出许多理由将其掩盖起来。其实，人们很容易发现自己的过错，只需我们直面它们并及时改正，就能够获得成长和进步。

心态启示：

什么是真正的过错？知错能改，善莫大焉。有过错而不肯改，这才是真正的过错。若想逐步完善自己，就必须戒除反悔这种思维习惯，通过不断反思自己，主动改正错误。

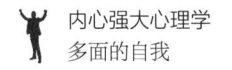

沉浸在悔恨中对未来毫无帮助

有人说人生像一只口袋,当袋口封上的时候人们会发现,里面装的全是没有完成的和令人遗憾的东西。即便如此,我们也不应一味地沉浸在悔恨和遗憾中,因为一旦陷入其中,就无法取得新的进步。

我们大可不必太在意得失,既然决定做了,拿起了就不要后悔,因为这个世界没有后悔药,要勇敢地面对自己的人生。一个决定可能影响人的一生,就算失败也无须后悔,大不了从头再来。没有人不想拥有一个精彩的人生,可是现实的环境没有人们想得那么好,所以要克服重重困难,才能达到人生的巅峰。

有一个少年在赶路时不小心把砂锅打碎了,可他头也不回继续前行。有人拦住他,告诉他砂锅碎了,少年却答道:"碎了,回头又有什么用?"说罢继续赶路。

看完这个故事,我们不由得为少年的睿智而喝彩。英国有句谚语:别为打翻的牛奶哭泣。这些都告诉我们,如果你不小心在人生旅途上栽了个跟头，千万不要一味地沉浸在失败的阴影中，而是要积极调整好自己的状态，继续走好往前的每一步，否则等待你的将会是无尽的失败。

可见，若想取得进步，就要走出悔恨和自责的心理误区。柏拉图说过，内省是做人的责任，人只有通过内省才能实现美德。一个善于自省的人遇到问题往往会反求诸己，从自己的身上找原因，而不是把问题推到别人身上。

心态启示：

"碎了，回头又有什么用？"我们应该将这句话铭刻在心中，并提醒自己：别为打翻的牛奶哭泣！无论曾经犯下多大的错误、曾经有过多少失误，都不能成为我们停下前行脚步的理由，只有收拾好心情尽力走好未来的每一步，我们才会有更美好的明天！

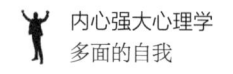

不要为昨天的问题苦恼

人生如同一杯泡好的茶，茶有浮有沉，有浓有淡；人有失意与辉煌，有平凡与平淡……如果缺少这些快乐与痛苦、激动与伤心，那么一个人的一生还完整吗？成功总是青睐那些走出人生低谷、勇往直前的人。当然，有人成功，也有人失败，有的人一生未走出过糟糕的昨天，以致一辈子都庸碌无为，活在自己编织的悔恨中。

对于糟糕的昨天，我们越是抗拒，越是无法平和地面对。因此我们要接受它，而不能不断地反问自己"我怎么会这样呢？""我怎么会遇到这种事情？"这样只会让痛苦加倍。

如果你能缩短抗拒的时间，你就能较快地走出来。相反，你越抗拒，痛苦持续的时间就越长，你面临的人生低潮也会越长。而接纳现状与"我不愿再烦恼了""我不可能再发展了，就接受这种状态吧"的态度是不同的，后者是一种消极的态度，而前者则是不断地采取积极行动，直到取得理想的结果。

我们也要对自己有信心，要相信自己能走出来。虽然现在正处于不利的境地，但相信自己一定能迈过这个坎，而且通过战胜这些坎坷自己会变得更成熟、更强壮。这些人生低潮是上天赐给你的，是让你成长、让你变强的礼物。

所罗门王曾经做过一个梦，在梦中有个智者告诉他一句话，这句话犹如灵丹妙药一样，可以治疗人的种种情绪。但是所罗门王醒来时忘了这句话是什么，于是他召集王国里最有智慧的长者，并给了他们一枚戒指，告诉他们，如果想出梦中的话，就把它刻在这枚戒指上。几天后，戒指被送还给了所罗门王，上面刻着："一切都会过去！"

是啊，无论发生了什么，一切都会过去的，新的一天也会来临，请你相信它！

再者，情绪低潮期应该是重建自我的时候，因为可以由此重新审视自我、调整自我。我们不仅从成功中成长，还从失败、低潮中成长。当然，这需要你能正确地认识失败、接受失败。

心态启示：

人生有高潮就有低谷。人生如同一场游戏，没有定数，所以何必处处计较？不如保持信心与期待，胜不骄、败不馁，在这个美丽的人间留下自己坚实的足迹。或许你认为自己面前的是很难翻过的门槛，其实当事情过去以后你会发现，它在你人生路上是多么不显眼，根本无须恐惧。所以，面对人生的低谷，你应该重新扬起自信的风帆，鼓起劲儿摇起双桨，向成功的彼岸进发。

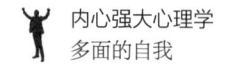

选择你所爱的，也爱你自己的选择

生活中，到处存在选择：选择高远、选择香甜、选择伟大、选择平凡、选择有无、选择是非……漫漫人生路，选择构成了我们人生精美的画面。人的一生会面临无数次的选择，但是几乎没有人能做到选择后完全不后悔。而实际上后悔没有任何用处。

很多时候我们总在叹惋，要是时间可以重来该有多好，要是当初能珍惜时间就不会有如此多的遗憾……我们总是在后悔，可是往事无法重来。既然如此，我们就应该好好把握今天，抓紧一分一秒，不要把后悔留给明天！泰戈尔曾经说过："如果错过太阳时你流了泪，那么你也要错过群星了。"昨天是一张作废的支票，明天是一张期票，而今天则是我们唯一拥有的现金——所以应当明智地把握。

过去了的事情就让它永远地成为回忆，失去了就永远记住曾经拥有。即使再痛彻心扉、肝肠寸断，失去的也不能再得到，过去的也不会再回来，不如抓住眼前的一切，珍惜此刻所拥有的。说不定"星星和月亮"也会放出如同太阳一样的光辉，那样我们将不会为错过"太阳"而苦恼、悔恨。因此对于选择，要做到"选自己所爱，爱自己所选"。

"选择自己所爱"的意思是，当有机会"选择"，且在面临可以选择的人和事物时，要选择自己所爱的、自己喜欢的、自己中意的，这样起码在将来不会留下遗憾。

"爱自己所选"的意思是，作出了选择后，就要珍惜、尊重，就要执着、钟爱，就要对自己的选择投以热情、注入责任心。

可以说，这两句话是人们对生活"理想状态"的期望。的确，在人生的道路上，我们很多时候需要做出抉择。其实每条路都是一样的，只要我们遵从自己的内心。

心态启示：

"满目山河空念远，不如怜取眼前人。"任何人的一生都是不断抉择的一生，抉择很多时候虽然痛苦，但也必须坦然面对。因此，请不要活在过去的记忆里，不要怅然若失，要真真切切地面对生活。那样你会感悟到，严肃认真的选择是一种对美的追求。

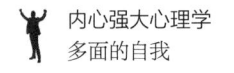

学会拥抱今天的阳光

有人对人生做了一个很恰当的概括：人的一生可简单概括为昨天、今天、明天。这"三天"中，"今天"最重要。过去的已经成为事实，再去追悔也无济于事，而对于明天的事，谁也不能打包票，因此我们要做的就是活在当下！

有人说，想过好今天，要学会做三件事。

第一件事是"学会关门"。在昨天和今天之间有一扇门，把这扇门关紧了就能变得快乐、轻松。

第二件事是"学会计算"。人的一生如账本，不快乐的人记下的全是问题、痛苦，而快乐的人记下的都是幸福。前者显然只会徒增烦恼。

第三件事是"学会放弃"。请牢记"先舍后得"。只有舍了，才会有得。

一个年轻人在路上碰到一位老者，这位老者正坐在路旁哭泣。这个年轻人感到有点好奇，于是上前询问："老人家，您为什么这么悲伤啊？"

老人抬头看了他一眼，回答道："我的命真苦啊。我年少时，当权的皇帝喜欢与武者交往，于是我拜了一位武者为师。可待我学成之后，那位喜武者的皇帝已经驾崩了，新皇帝则喜欢文士，于是我又拜了一位秀才为师。待我学成后，新皇帝却又喜欢以年少者为师，而我那时已两鬓斑白。就这样，我最后一事无成。现在我走在街上，忽然想起了这些经历，所以才在此痛哭啊！"

这位老者文武皆通，可谓多才，但却一事无成，不得不让人叹惋。人的生命毕竟有限，有时候某些目标的成功只能是幻想，是不可能实现的，如果把毕生的时间都花在追悔过去，而不去执行新的实际的计划，当年迈之时只能悔之晚矣。学会放下执念，才能迎来新的人生。

"明日复明日，明日何其多。我生待明日，万事成蹉跎。"明天总是在前方永远也够不着，来到的时候已经是今天。只有今天，才是我们生命中最重要的一天；只有今天，才是我们生命中唯一可以把握的一天。

生命的意义永远蕴含在今天。昨天，无论是荆棘密布还是掌声阵阵，都没必要再去怀念、追悔。对过去的怀念或追悔，只会徒增自己的烦恼，干扰当下该做的事情。当然，检讨与反省过去、积累经验和教训是可以的，但没有必要因此而影响当下的情绪。心若改变，态度就会跟着改变；态度改变，习惯就会跟着改变；习惯改变，性格就会跟着改变；性格

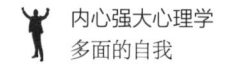

改变，人生就会跟着改变。

心态启示：

即使身处逆境，也要心怀感恩、心存喜乐、认真活在当下、真实活在今天、过好快乐的每一天。无论昨天遇到了什么挫折，都要学会忘记，忘记过去的伤痛，拥抱阳光。做个坚强、优秀、温暖、快乐的人吧！

第四章
自我调节，积极的情绪让你的人生充满阳光

这个世界就像一个万花筒，无论你怎样去看，都会看到不同的样子。同样，不同的人会有不一样的人生。一个人对生活的看法会决定他的生活，能决定他的成败。因此，我们要善于调节情绪，让性格和情绪更加完善。只有这样，我们才能在事业中不断前进，才能登上人生的顶峰，实现自己的梦想。你可以毫不怀疑地相信，成功者其实就是善于调节情绪的人！

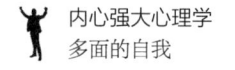

安顿好自己的情绪最重要

我们都希望自己有个好心情,好心情是生活的甜味剂,带给我们无穷的快乐。然而我们似乎总是听到这样的声音:"我烦死了""气死我了""这个人真讨厌"等。也可以看到一些人虽一言不发,但神情忧郁、精神恍惚。不用问,他们准是碰上令人气愤或烦恼的事情了。我们每一个人或多或少都遇到过一些挫折,一般人都能自觉地调整心态,较好地适应社会。但也有少数人由于持有一些执念,在遇到重大挫折时往往会一蹶不振,严重的甚至不能正常工作学习,给自己和亲友带来很多麻烦。

"其实人活的就是一种心态。心态调整好了,蹬着三轮车也可以哼小调;心态调整不好,开着宝马一样发牢骚。"这句话生动形象地说明了心态的重要性。心态就是人们对待事物的一种态度。每个人都有许多欲望,都希望自己挣钱多一点、事业顺利一点、官做得大一点、生活过得幸福一点……问题在于,人不可能事事顺心,当这些欲望不能得到满足时,我们应当以什么样的心态去面对?

米歇尔是一个传奇式人物,他在46岁那年被火灾烧伤,四年后又遭遇了一次坠机事件,腰部以下全部瘫痪。当他醒来时发现自己在医院里,已被烧得体无完肤,周围是一大群跟他同病相怜的人。他们对自己的遭遇自怨自艾:为什么是我?老天爷为什么如此对我?人生为什么这么不公平?成了这种样子在社会上还能有什么作为?然而米歇尔没有像他们一样,反而向自己提出这样的问题:"我幸运地活到现在还拥有些什么?我要如何重新站起来?此刻我还能比以前多做些什么事?"

更有趣的是,米歇尔在住院期间结识了一位名叫安妮的漂亮女护士,他不顾脸上的伤残和行动不便,竟然异想天开:"我怎样才能和安妮约会呢?"他的同伴都认为他实在有些神志不清,必然会碰一鼻子灰回来。谁会想到,一年半后两人竟然陷入热恋之中,后来安妮成了他的太太。

米歇尔坚韧不拔的积极态度使他得以在《今天看我秀》《早安美国》节目中露脸,同时《前进》《时代》《纽约时报》及其他报刊也都有米歇尔的人物专访。

米歇尔为什么能创造奇迹?因为他的心态一直都是正面的、积极的,即使在灾难面前,他依然拥有好心情,他看到的就是希望,于是他最终战胜了困难。

米歇尔说:"我完全可以掌控我自己的人生之船,我可以选择把目前的状况看成是新的一个起点。"

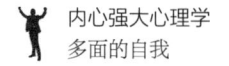

认知绝不是一成不变的,如果我们认定某件事对自己不利,就容易产生不利于我们坚持下去的态度。如果我们主动换个视角,对于原先的难题便会产生不同的态度。

心态启示:

心态代表一个人的精神状态,只要有良好的心态,我们就能每天保持饱满的精神。要学会调整心态,有良好的心态工作就会有方向,人只要不失去方向,就不会失去自己。心态的好坏,在于平常生活中的及时调整和修炼,并形成习惯。

学会用美的眼光去看世界

很多人活得太累,他们总是抱怨自己生活乏味、不幸福,总是情绪不好。其实并不是他们的生活真的不幸福,而是他们总是看到事物不好的一面。如果能多用美的眼光看事物,他们就能心情愉悦,收获一路的风景。其实人生的路很长,我们要相信快乐与幸福一直在路上,只需要用一颗宁静和细致的心去发现。

法国雕塑家罗丹说:"这个世界不是缺少美,而是缺少发现美的眼睛。"心平气和的人还有一双眼睛,它是长在心中的、心智的眼睛。这双眼睛同样十分重要。因为从这双眼睛中,人们看到更为美丽的、细腻的世界。

有位老人非常爱摆弄盆景,在栽种盆景上投入了很多时间。

有一天,老人要外出。在临行前,他特意嘱咐儿子,让他一定要细心地照顾好家里那些重要的盆景。

在老人外出期间,儿子精心地照料着这些盆景。尽管如此,花架上还是有一个盆景在浇水时不小心被碰倒打碎了。儿

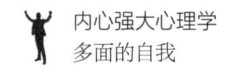

子非常害怕，准备等父亲回来后接受处罚。老人回来后知道了此事，不但没有责备儿子，还说："我栽种盆景是用来欣赏和美化家里环境的，不是为了生气的。"

老人说得好，他不是为了生气才栽种盆景的。盆景的得失，并不影响老人心中的悲喜。气由心生，如果无欲无求、了无牵挂，则气无处生。人不是为了生气而活着的，只有心平气和，才不会愚蠢到去拿别人的错误来惩罚自己。

那么从现在起，我们不妨多用美的眼光看世界，为生活中的"小幸福"而欢呼，这样我们眼里的一切都将是美好的。当清晨醒来，你便不会再为忙不完的工作而烦恼，而是能看到晨曦斜照、小鸟鸣啾，你呼吸到的每一口空气都是那么的清新；在一场缥缈的秋雨之后，站在窗前，你感受到的不再是凉意，而是能看到晶莹的雨珠从树枝上滑落，雨洗后的草坪愈加葱郁和青翠；孩子们快乐地嬉戏、打闹的时候，你也能感觉到生活的惬意与美好。的确，幸福常常是如此简单，简单到一句话、一首诗、一个清晨、一个问候、一个场景，简单到我们日常生活中的点点滴滴，都蕴藏着幸福。我们要为每一次日出、草木无声的生长而欣喜不已；要重新向自己喜爱的人们敞开心扉；要热情地置身于家人、朋友之中，彼此关心，分享喜悦。

心态启示：

我们若想忘却不快得到幸福，就要学会用美的眼睛看待事物，发现生活中细微的幸福。生活得越简单，幸福快乐就越多；我们需求得越少，得到的自由就越多。多一分舒畅，少一分焦虑；多一分真实，少一分虚假；多一分快乐，少一分悲苦，这就是简单生活所追求的终极目标！

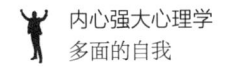

情绪的分类及其特点：了解自己的情绪

情绪是一种生理应激反应，是人在受到外界事物刺激后的复杂心理变化。"人有悲欢离合，月有阴晴圆缺，此事古难全。"就是说自然界事物有变化，人们的内心世界也有起伏。月亮不会一直圆满，我们的情绪也不会一直良好。

我们日常生活中的活动，在多大程度上受理智的控制，又在多大程度上受情绪的支配？在这方面人与人之间存在很大差异，其中气质、性格、情绪、阅历、素养等都起着一定的作用。我们只有认清自己的情绪类型，发挥理性的控制能力，才能实现情绪反应与表现的均衡适度，确保情绪与环境相适应。

心理学家将人的情绪类型简单分为以下三种。

理智型：很少因什么事而激动，表现出很强的克制力，甚至对事冷漠；对他人的情绪缺乏反应，感情生活平淡而拘谨。这种类型的人需要放松自己。

平衡型：情绪基本保持在有感情但不感情用事、克制但不过于冷漠的状态；即使情绪很恶劣，仍能很快控制起来。因此，这类人很少与人争吵，感情生活十分愉快、轻松。

冲动型：非常情绪化，易激动，反应强烈；往往十分随和、热情，或者感情脆弱、多愁善感；可能常会陷入风暴似的感情纠纷，因此麻烦百出；别人若想劝其冷静，是件很难的事。这样的人一定要学会克制自己。

那么，我们该如何认识自己的情绪类型呢？以下几种方法有助于我们了解自己的情绪。

（1）记录法。做一个了解自我情绪的有心人，我们可以用一两天或一个星期，有意识地记录自己的情绪变化过程。可以关注情绪类型、时间、地点、环境、人物、过程、原因、影响等项目，为自己列一个情绪记录表，连续记录自己的情绪状况。日后，回过头来看看这些记录，你就会有新的发现。

（2）反思法。我们可以利用情绪记录表思考自己的情绪变化，也可以在一段情绪过后反思自己的情绪反应是否得当。为什么会有这样的情绪？导致这种情绪的原因是什么？有什么消极的、负面的影响？今后应该如何消除类似情绪的发生？如何控制类似不良情绪的蔓延？

（3）交谈法。与家人、上司、下属、朋友等进行诚恳交谈，征求他们对你情绪管理的看法和建议，借助别人的眼光可以更好地认识自己的情绪状况。

（4）测试法。借助专业的情绪测试问卷，或是咨询专业人士，获取有关自我情绪认知与管理的方法建议。

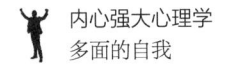

心态启示：

一个人能否成功，不在于他拥有多少优越的条件，而在于他如何评价自己，这种自我评价也决定了别人对他的评价。在人们的生存和发展过程中，情绪常伴随左右，了解自身的情绪类型，有助于我们更好地掌控自己的情绪。

第四章
自我调节，积极的情绪让你的人生充满阳光

有效提高对自己情绪的控制力

情绪是人与生俱来的心理反应，如喜、怒、哀、乐，易随着情境变化。人在日常生活中免不了会出现好情绪和坏情绪，如果不能很好地调节并保持情绪平稳，就势必会陷入痛苦的泥潭之中。因此，我们必须提升自身的情绪掌控能力。

一天，洛克菲勒正在办公，门突然被打开了，进来一位陌生人。这人直奔到他的办公桌前，用拳头狠狠地捶了一下桌子，然后火气十足地说："洛克菲勒，我恨你！我有充分的理由恨你！"接着那个脾气火暴的莽汉恣意谩骂了洛克菲勒10分钟之久。

洛克菲勒公司的人都赶来了，有职员、秘书，还有其他管理者，大家看到此情此景都气愤极了，他们以为洛克菲勒会打电话叫来保安，把这个无礼的家伙从办公室里赶出去。但出乎所有人意料的是，洛克菲勒完全没有这么做，而是停下手中的活，用和善的眼神注视着眼前这位言语攻击者，而且一言不发，对方越暴躁他就显得越和善。

后来，倒是这个无礼的人被洛克菲勒弄得莫名其妙，并

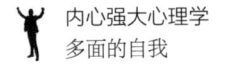

渐渐地平息下来。实际上他是故意来此与洛克菲勒作对的,并且,他在打算攻击洛克菲勒前,已经做好了各种回击洛克菲勒的准备。但是洛克菲勒就是不开口,这反而让他不知如何是好了。

最终,他又在洛克菲勒的桌子上猛敲了几下,仍然得不到回应,只得索然离去。洛克菲勒像是根本没发生任何事一样,重新拿起笔继续他的工作。

看完这则故事我们不得不感慨,洛克菲勒确实是一个忍耐力极强的人。面对莽汉的无理取闹,如果他以同样的态度回击,情况只会更糟。

因此,如果你拒绝生气,维持你对自己情绪的控制,保持冷静和沉着,就等于你已经掌控了整个局面。

可见,一个成熟的人应该有很强的情绪控制能力。无论遇到什么事情,哪怕是违背自己初衷,也要控制自己的情绪,不要有过激的言行。唯有如此才能成就大事,从而达到自己的目标。

那么,我们如何提升自身的情绪掌控能力呢?

(1)要愿意观察自己的情绪:不要抗拒做这样的行动,以为那是浪费时间的事。要相信,了解自己的情绪是重要的领导能力之一。

(2)要愿意诚实地面对自己的情绪:每个人都可以有情

绪，接受这样的事实才能了解内心真正的感觉，更合理地去处理正在发生的状况。

（3）问自己四个问题：我现在是什么情绪状态？假如是不良的情绪，原因是什么？这种情绪有什么消极后果？应该如何控制？

（4）给自己和别人应有的情绪空间：给自己观察情绪的时间和空间，这样才不至于在冲动下作出不适当的决定。

（5）替自己找一个安静身心的活动：每个人都有不一样的方法使自己静心，都需要找到一个最适合自己的安心方式。

心态启示：

善于管理情绪的人更容易获得平静和愉快，即使遭遇低潮也会乐观应对，能承受压力，成为自己生活的主宰。他们善于理解别人，能够建立和保持和谐的人际关系，即使与人产生矛盾，也能有气度地以建设性的方式解决。

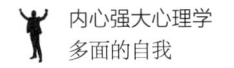

好心情全靠自己创造

心理学家普遍认为，除非人们能改变自己的情绪，否则行为通常不会改变。其实，我们在生活中都有这样的体会，当孩子哭泣时，我们会逗他们说："笑一笑呀！"孩子勉强地笑了笑之后，很快就真的开心起来了，这就很好地说明了情绪的改变能够导致行为改变。

我们总是认为情绪会导致行为，实际上也可以反过来思考，我们的行为也会导致情绪。心理学家提出了一个"假喜真干"的概念，意思就是，你假装自己喜欢做某件事或从事某份工作，那么你就会真的喜欢起来。

菲蒂娜小姐是一位办公室文秘，她的工作就像人们所说的"打杂"一样，除了要给经理倒咖啡、买早饭，还要处理一堆琐碎的文件，每天不停地抄写和打字，不但忙碌，而且枯燥无味，毫无技术含量，她常累得精疲力竭。后来她想："这是我的工作，公司对我也不错，我应该把这项工作搞得好一些。"于是，她决定假装喜欢这份讨厌的工作。一段时间以后，她居然发现自己真的喜欢上了这份工作。她发现她的上司是个很和蔼的人，每天和他一起相处很自在，因此也很乐意为他效劳。在处理文件时，她更加认真起来，她还曾经发现文件中一个数据问题，为公司避免了大额损失，她因为这件事被提升了。现在，她也总是经常超额完成任务。这种心态的改变所产生的力量，确实奇妙无比。

从菲蒂娜的工作体验中，我们发现，人的情绪是可以由行为引发的。那么，我们该如何"伪装"出好心情呢？

最常见的一个办法就是，当你生气的时候，可以找一面镜子，对着镜子努力展现笑容，持续几分钟之后，你的心情就会变得好起来。这种方法称为"假笑疗法"。

实验证明，这种方法很有效果。每天早上，如果你能先笑一笑，那么接下来的一整天你都会有好心情。

心态启示：

当我们烦恼时，不妨"装"出一份好心情，多回忆曾经愉快的时光，用微笑来激励自己。正如英国小说家艾略特所说："行为可以改变人生，正如人生应该决定行为一样。"

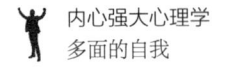

宽容能让你摆脱负面情绪

在与人打交道的过程中，我们发现，那些做事太过认真、爱较真，或者说死心眼的人，在人际交往中总是吃不开，他们也很难拥有好心情。相反，那些为人豁达宽容的人凡事看得淡然，即使遇到打击与伤害也能做到一笑而过，他们的胸怀是宽广的，这更是一种淡定、成熟、冷静、理智，因此，他们不会因为小事而影响到自己的情绪。宽容之心着实是一剂人生"良药"，小则使自己免受伤害，大则能助自己飞黄腾达。

有很多人还在为鸡毛蒜皮和朋友老死不相往来，为了一些不值一提的小事与人大打出手。懂得退让是一种多么可贵的精神！生活需要我们以宽容的心态对待每个人。宽容是解除人际误会和不快的最佳良药，宽阔的胸怀能使你赢得朋友，能让你和那些伤害你的人化干戈为玉帛。宽容代表着理解，它像一扇心灵的大门，把心放宽一点，门就不会挤了。受到伤害，心中不快乃人之常情，但唯有以德报怨、容人之过，才能赢得一个温馨的世界。以恨对恨，恨永远存在；以爱对恨，恨自然消失。

因此，让我们善待身边的每个人吧，深切地理解每个人，相信自己也相信别人，严于律己，宽以待人。这样，我们一定能保持良好的心态和情绪。说到底，决定人心态的是人的理想、人生观、世界观。一个人具有远大的目标、正确的人生观、胸怀宽广、执着进取、挑战自我、不屈命运、坚信自己、思想积极，那么他一定能保持良好的心态，拥有美好的人生。

心态启示：

一个人心胸狭窄只关注自己，就容易生气、闷闷不乐、斤斤计较。而当一个人胸怀宽广时，就会容纳别人、欣赏别人、宽容别人，心境也就能保持乐观，所谓"退一步海阔天空""仁者无敌"。

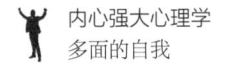

心境简单，才有快乐的心情

我们都希望自己拥有一份好心情，拥有好心情才会拥有幸福、美满的人生。然而在大多数人的观念里，要得到快乐，首先要拥有财富、地位、事业，要吃得好、穿得好、住得好。他们以为拥有其中任何一种，便得到了人生的幸福。而实际上，快乐是简单的，只要我们有简单的心境。当你饥饿时，你拥有了食物，你就幸福；寒冷的冬天里，一盆炭火带给你温暖，你就幸福。也就是说，快乐并不是某种固定的实体，而是一种精神与物质的统一，更多地表现在精神体验上。

一天，一只精明的猎狗在森林里寻找主人打下来的猎物，偶然间看到了一袋黄金。它跑上前去嗅一嗅，懊丧地说："哎，我还以为找到了主人打下来的猎物呢！不过，我相信主人肯定会非常喜欢，说不定他一高兴就每天赏赐我几根骨头呢！"猎狗这样想着，叼起那个口袋跑到主人身边。

"你真是太棒了！我要用其中的一块黄金给你配一身最好的行头！"主人抚摸着猎狗说。

猎狗连忙恳求道："不，如果您不介意的话，我想每顿都享用几根骨头。"笑逐颜开的主人爽快地答应了,猎狗从此每天都可以吃到骨头。

幸福不是获得更多的财富与地位,而是得到最适合自己的东西。幸福是可以选择的,我们在选择之前,首先要弄明白自己内心真正需要的是什么,得到你所需要的,你就能获得简单的幸福。

然而有一些人随着年龄的增长,各方面的需求不断增加,找工作、买房子、结婚等。为了尽早实现这些愿望,他们不停地奔波劳碌,在一个又一个目标前奋力冲刺。纵然实现目标会让自己得到短暂的喜悦感,可这种感觉很快就会消失得无影无踪。

还有一些人,他们有房、有车,母慈子孝,按理说生活得很好,可他们总是羡慕别人,而感受不到自己的幸福。其实,幸福的本质不在于追求什么、获得什么,而在于珍惜你所拥有的一点一滴,懂得享受,学会满足。

德国哲学家叔本华曾说过:"我们很少想到自己拥有什么,却总是想着自己还缺少什么!不要感慨你失去或是尚未得到的事物,你应该珍惜你已经拥有的一切。"

总之,如果在每个清晨都能清爽地醒来,我们就是幸福的人,就应对生命心怀感恩。

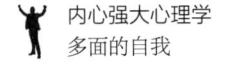

心态启示：

　　真正的快乐不是你每天得到了些什么，而是每天你都能对自己拥有的一切，怀着一颗满足、感恩、珍惜的心。如果我们能够保持这种态度来对待生活中的每一天、每件事，那么即使人生中有摆脱不了的悲苦、辛酸，我们也能让它们转化成有价值、有意义的事。

第五章

控制情绪，别让内心的怒火燃烧自己的理智

　　生活中令我们生气的事情实在太多了，我们时常会感到愤怒，每个人都不可能完全活在没有情绪的世界里。但我们不应把这些情绪压抑在心中，因为一味地压抑只能暂时掩盖问题，负面情绪并不会消失，久而久之，这些负面情绪很可能填满我们的内心世界，使我们的身心越来越疲惫。因此在愤怒时，我们一定要学会尽快浇灭愤怒的火焰，避免因不当的发泄给自己和他人带来困扰。

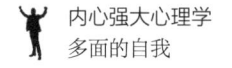

你的愤怒到底从何而来

在我们生活、工作中的周围，总是有这样一些人，他们对世间万事万物都能泰然处之，即使"兵临城下"也不会愤怒。这并不是因为他们没有情绪，而是他们更能权衡好不良情绪给自己和他人带来的不利影响，因此他们通常会在最快时间找到怒火之源，并将其彻底消灭。这样的人更能得到他人的认可，因为他不会让自己的负面情绪伤害到身边的人，同时也成就了自己良好的修养和品质。

有修养的人心胸宽广，自然也就不会因为一点点小事愤怒，他们会以微笑和包容对待侵犯的人。相反，很多人总是以牙还牙，骂得脸红脖子粗还不肯罢休，其实他们不知道，背后已经有很多人在议论自己了，自己的形象早已一落千丈。

可见，随便发泄愤怒，不仅损坏了人际关系，也毁坏了自我形象。但如果强控愤怒，对身心健康也不利。因此，当自己怒火中烧，或者成为别人在发泄愤怒的目标时，你要尝试着让自己冷静下来，等冷静下来后，要问自己是什么让你愤怒？找到原因，你才能想办法解决。如果每天让你产生坏情绪的是同样的人或者同样的事，那么你就能尽量避开很多头疼的问题了。

心态启示：

我们要尽可能地保持冷静和理性。生气不仅无法解决问题，还可能带来更多的麻烦和负面影响。遇到了不愉快的事情，可以试着转移注意力，做些自己喜欢的活动。同时，也可以试着与朋友或家人交流，倾诉自己的烦恼和困惑。这样，你一定能够化解问题，迎来更加美好的生活。

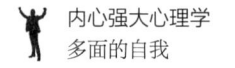

采用冷处理，让怒气迅速降温

日常生活中，人们常常为了一些大大小小的事情生气。实际上，人们有很多方法可以控制自己，降低生气的频率，其中就包括降温法——冷处理。

我们先来看下面一个生活场景：

母亲："你先把你的房间收拾干净再吃饭。"

儿子："我在写作业呢。"

母亲（不悦）："我说了——我要你把房间收拾干净。"

儿子（生气）："你别管我。"

母亲（生气）："你少跟我这么说话。现在就收拾你的房间——马上！"

儿子（暴怒之下把书扔了过去）："我说了，你别待在我房间里！"

母亲（非常生气）："你敢冲我扔东西！现在你马上给我收拾，不然等着瞧。"

可能很多父母和子女之间都有过这样的对话，双方因为一件小事最后闹得不可开交。人们在发生争执时，都想让自己说的话成为最后一句，却发现不了事情正变得不可收拾。要管理愤怒，首先要对生气的过程进行控制。如果你能退一步，让对方说最后一句话，这样就会缓和争执，不至于产生更糟的结果。

所以面对愤怒，选择冷处理有利于解决问题。采取冷处理，意味着要控制自己愤怒的强度和持续的时间。如果你总想反击那些引发你愤怒的人或事物，你就无法管理好自己的愤怒。只有采取自我控制，排解自己的不满和委屈，才能做到冷处理，从而管理好愤怒。

那么，具体来说，我们该怎样给情绪降温呢？

1.暂时走开

暂时走开可以使生气的人平静下来，但具有很强侵略性和好斗个性的人倾向于对任何刺激都作出对抗性反应，而不是摆脱和走开，这样的性格必将导致矛盾的爆发。

2.转移自己的注意力

在气头上的人很容易被冲昏了头，而无法理智思考。因此首要之务，就是先为自己的情绪降温。这话说来容易，该怎么做到呢？你可以转移自己的注意力。例如，数10~12项物体的颜色，"一、这个茶杯是黄色的……二、他穿的毛衣是黑色的……"数完之后你会发现自己冷静多了。

另外，如果你因为某件事或某个人而感觉心情烦躁、注意力无法集中，就不要强迫自己做事。这时不妨看电视、听音乐

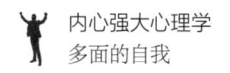

或找些其他的事情做，借以转移对烦恼的过度注意。

现代社会，因为不会冷静处理愤怒而导致失败的人比比皆是，而那些会冷静处理愤怒的人永远都能站在事业的顶峰。所以，让我们一起养成冷处理愤怒的好习惯，这必将使我们受用一生。

心态启示：

失去冷静是很容易的，时刻都能保持冷静则很难。从根本上说，保持冷静就是在愤怒控制住你之前，你先控制住愤怒，也就是有意识地控制情感，不让其随心所欲地发展。

浇灭火焰，不让愤怒灼伤自己

在繁忙紧张的生活中，人们变得脆弱易怒。我们应该选择尽情发泄还是忍气吞声？事实上，这两种做法都不是正确的。把怒气发泄给别人，会赶走朋友、得罪他人。然而，一味地压抑满怀的愤怒，问题也并不会因此得到真正的解决。巨大的负面能量若是不能得到排解，就会囤积在身体内，侵蚀我们的健康。

那么，怎么做才能完美地处理生活中遇到的愤怒呢？

1.提前预设应对方式

当你的情绪稍微冷却下来以后，你可以试着寻找自己发怒的原因。你是不是因为同事总是对你的体重或发型冷嘲热讽而气恼不已？是不是每次上司理所当然地要求你加班你都怒不可遏？要预先想好发生这种情况时除发怒以外的应对方法。

2.使用建设性的内心对话

许多怒火中烧的人不分青红皂白责备任何人和事：如车子发动不了、孩子还嘴、别的司机抢了道。使怒气无法消除的是你自己的消极思维方式。既然想法是导致情绪的主因，容易动怒的人就应该加强内心的想法，准备一些建设性的念头以备不

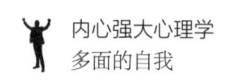

时之需。例如,"我在面对批评时,不会轻易地受伤""不论如何,我都要平静地、慢慢地说"等。

当你能熟练这些"灭火"步骤时,你就会发现,自己花在生气上的时间越来越少,花在完成工作上的时间也就相对越来越多了。

3. 不要说粗话

你一旦开口说粗话,就把对方列为了自己的敌人。粗鲁的语言会使你更难为对方着想,而互相体谅正是消弭怒气的最佳秘方。

心态启示:

愤怒是一种大众化的情绪——无论男女老少,都一定会遇到令人愤怒的事情。因此,不管在家里、工作中,还是在与你亲密的人相处的过程中,都需要进行愤怒情绪的调节,及时浇灭愤怒的火焰。

学着放宽自己的心境

生活中我们经常会遇到一些令人气愤的事，那些心胸宽广的人能做到控制好自己的情绪，这不仅显示了他的大家风范，使其获得尊重和敬仰，他自身也会收获很多快乐。

一位德高望重的长老在寺院的高墙边发现一把座椅，他知道了有人借此越墙到寺外。因此，长老搬走了椅子在这儿耐心等候。午夜，外出的小和尚爬上墙，再跳到了"椅子"上，他觉得"椅子"不似先前那样硬，软软的甚至有点弹性。落地后小和尚定眼一看，才发现自己是踏着长老的肩翻进寺院的。小和尚仓皇离去，此后一段日子，他始终诚惶诚恐地等候着长老的发落。但长老压根儿没提过这件事。小和尚从长老的宽容中获得启示，他收住了心，再没有去翻墙，并通过刻苦的修炼成了寺院中僧人的佼佼者。若干年后，他成了这里的长老。

这个小故事向我们昭示了一个道理：宽容是伟大的。我们在接受别人的长处之时，也要接受别人的短处、缺点与错误，

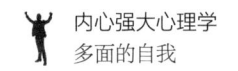

这样我们才能与他人真正的和平相处,社会才会更加和谐。

正所谓,忍一时,风平浪静;退一步,海阔天空。每个人都有错误,如果执着于他人的错误,就会形成思想包袱,对他人不信任、耿耿于怀、放不开,既限制了自己的思维,也限制了对方的发展。

一个智者这样说过:"你必须宽容三次。你必须原谅你自己,因为你不可能完美无缺;你必须原谅你的敌人,因为你的愤怒之火只会影响自己和家人;在寻找快乐的路途中,最难做到的或许是你必须原谅你的朋友,因为越是亲密的朋友,越可能于无意中深深中伤你。"每个人都在企图证明自己是对的,而对方是错的。宽容待人,就是在心理上接纳别人、理解别人的处世方法、尊重别人的处世原则。

你是否曾因为朋友无意中的一个过错而耿耿于怀?你是否曾因为想证明自己的观点而对朋友恶语相向?请多考虑一下对方的感受吧!人都有自尊心,没人会愿意被人直指短处。更何况我们所想的真理,其实可能正是他人认为的谬误。

宽容说起来简单,可做起来并不容易。宽容归根结底源于爱和理解。只有心中有爱,我们才能以同情的态度对待他人,才会充分尊重他人的立场和见解。只有心中有爱,我们才能消除彼此的敌视、猜忌、误解。爱的荒芜和消亡,将使最亲密的人彼此伤害、仇视,甚至恶语相向。

第五章
控制情绪，别让内心的怒火燃烧自己的理智

心态启示：

宽容是一笔无形的财富，有了宽容之心，我们就会变得善良、真诚。宽容会帮我们亮起一盏绿灯，帮助我们在工作中顺利通行，选择了宽容便赢得了快乐。

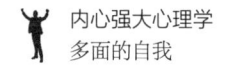

多一点思考，就可以避免烦恼

我们在生活中难免会遇上各种各样的事情，遇到事情的时候可能会变得冲动，从而做出一些自己都不知道该不该做的事情，从而产生许许多多的埋怨。如果能在不管遇到什么事情时都冷静地让自己思考一下，哪怕只是短短的几秒，也许结果就会完全不一样了！

小罗在公司工作多年了，业绩都很不错也深受领导的赏识，但是遇上了一件让人不开心的事情。最近小罗联系到一个客户，这位客户在汇款时忽略了手续费的问题，因此少汇了几十元的定金。经理对此表示不满，提醒小罗交货的时候一定要把余款收回来。客户并没有把这件事看得很严重，小罗也很相信客户，没有收回欠款就回公司了。这下惹得经理不高兴了，小罗耐心地解释给经理听，但是经理一句话都听不进去。

从此之后，小罗就没有安静的日子过了，小罗觉得自己的工作氛围过于煎熬，所以他毅然决定辞职。他认为找份新工作很容易，结果完全不是他自己所想的那样。小罗现在非常后悔当初一时冲动而离职。

生活中有很多人和案例中的小罗一样,因为一时冲动做出后悔的事。所以,我们不管做什么都需要冷静地思考。

具体说来,为了避免事后后悔情况的发生,你需要做到以下两点:

1. 放慢语速,调整心情

如果你在说话,你可以试着让自己的呼吸均匀下来,然后在心里对自己说"放松、冷静"。如果你的情绪依旧很激动,那么不妨先闭上眼睛,然后回忆一些自己高兴的事情,并尝试着站在对方的角度审视自己的行为,慢慢你就能冷静下来了。

2. 抑制怒火,冷静回应

当有人朝你大喊大叫或者用语言攻击你的时候,你应该怎么做?是以牙还牙还是置之不理?我们无法控制对方的行为,但可以调整自己的行为。此时,你完全可以暂时不作任何回应。你的反击只会激发对方的抵触情绪,让事情更糟糕。不做出冲动的回应,对方就失去了愤怒的"燃料"供应,想燃烧也难了。

心态启示:

一个理智的人不管遇到什么事情,不管别人如何"挑衅",都会保持冷静的头脑,让理智驾驭自己的情绪。在怒火中燃烧的你,看见周围人的眼神了吗?知道对方已经被你深深伤害了吗?

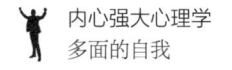

学会换位思考，控制住自己的脾气

如果我们一遇到不合自己心意或不顺心的事就发脾气，就很容易不分青红皂白地指责人家，借此排遣自己心中的不满。很多时候，如果我们能站在对方的角度去思考一下，我们便会理解对方，发现一切都情有可原，也就能减少怒气了。

张阿姨身体一直不好，患有心脏病，还经常失眠。最近隔壁在装修，经常大清早就开始施工，夜间失眠的张阿姨好不容易睡着，就又被吵醒了。张阿姨的儿子很生气，要去对面理论一番。

第二天，邻居敲开了张阿姨家的门，这位邻居急忙上前说道："大妈，我今天来是想说声对不起，这几天打扰到您了。不过您放心，我给工人定了规矩，每天只在规定的时间施工。这是我的名片，他们如果做得不好您就给我打电话。"

从第二天开始，这些装修工人果然很守规矩，而且用电钻、锤子时就过来告诉张阿姨一声，让老太太有思想准备。以往，楼里一家装修，全楼倒霉，不仅是噪声，楼里楼外都又脏又乱。而这家的装修工人却把废料装在编织袋里，整齐地码放

第五章
控制情绪，别让内心的怒火燃烧自己的理智

在楼角处，每天都有专人清扫楼道。由于有严格的工作时间，这家人足足装修了两个多月，时间确实长了点，可没招来邻居一句抱怨。

张阿姨对儿子说："多为人家想想，就没什么可生气的。"

替别人着想是一种美德，是解决问题的首要途径。换个角度来讲，替别人着想就等于释放了自己，改善了自己的心境，使自己不容易生气。当我们发自内心地替别人着想时，自己心里的烦恼也能得到解脱和排遣。

我们要想摆脱不良的心境，就需要时常为别人着想，这是一种最有效的心理良药。如果有人做了让你愤怒的事情，你必然会生气，但你若能站在对方的角度上想一想，你可能就会发现事情的另一面。每个人都有自己的困难和压力，也许他正在应对紧张局面；也许家里发生了一些事情；也许正被某些难题弄得焦头烂额……了解清楚其背后的原因，知道对方正在跟你一样努力活着。这样一想，你就能完全冷静下来，愤怒情绪就不存在了。

幸福与快乐其实就在自己的心中，幸福和快乐关键在于自己，在于自己对人对事的态度。替人着想作为一种内心的愉悦体验，是获得幸福快乐的最低成本的途径，我们又何乐而不为呢？

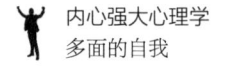

心态启示：

从心理学角度讲，任何的想法都有其来由，任何的动机都有一定的诱因。了解对方想法的根源，就能够设身处地，提出的方案也更能够契合对方的心理，从而被接受。消除阻碍和对抗是为他人着想、提高效率的最佳方法。

第六章
摒弃自卑，重塑自信开启人生新篇章

你是否发现，虽然你已经跋山涉水走了很久，身后也已经呈现出一片美丽的风景，但你却没有听到掌声；也许你练习了很久，并且认为自己的表演已经很到位，但是在舞台上，任你挥汗如雨，却只是换回了零星的掌声……这时可能你的自卑心会油然而生。自卑的心理会使一个人在人生道路上常走下坡路，因此我们要学会摒弃自卑，让生活焕发光彩。

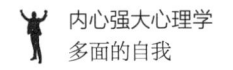

接纳自己，发挥自己的优势

我们常说"人无完人"，每个人都有自己的长处和优点。但现实生活中，并不是每个人都能认识到这一点、做到不怀疑自己，而懂得欣赏自己的人更是少之又少。自信是认识自我的开始，因为只有通过自我观照，才能了解自己的专长、能力和才华。

姚颖从小就是个自信、大胆的女孩。大学毕业后，她进了一家电子公司的行政部门，做起了安安稳稳的文职工作。

有一次公司开会，老总希望能从人员过多的行政部门调几个人到市场部门。他问了大家的意见，结果谁也不肯站出来，因为他们都认为自己是"科班出身"，怎么能走街串巷、满脸堆笑地揽活呢？

这时，姚颖猛地站起来，自告奋勇说："老总，我愿意！"因为她相信自己同样能胜任市场部门的工作，这远比在"无声无息"的行政部门更能体现自己的能力。她立即被调到了业务部工作。对她来说这是十分陌生的工作岗位，很多事情让她感到晕头转向。她必须迅速适应周围的一切，尽快建立自己的客户网络，才能扩大业务成交量。

姚颖开始走出办公室，主动和别人商谈合作事宜，了解市场上的价格与折扣。她成了个大忙人，不仅要负责业务部的大小事务，还要将自己对公司每一项产品进行实地调查的情况做成书面报告交给老总，以便公司开展下一步具体工作。

姚颖在业务部工作了四年，如今的她已建立了稳固的客户群，同时又让部门其他业务人员充分施展了自己的才干。整个部门团结合作，创造了前所未有的业绩，公司上上下下都对姚颖刮目相看，她很快便进入了公司的管理层。

姚颖顺理成章地进入了管理层，而当初和她坐在同一间办公室的同事还在从事原来的工作。她靠着自己的无所畏惧和勇于任事，才抢占到先机，让自己在竞争激烈的环境中脱颖而出，成为领导眼中的宠儿。

自信是对自己的高度肯定，是成功的基石，是一种发自内心的强烈信念。我们需要自信。无论在生活还是工作中，一个自信的人常看到事情的光明面，既能发现自己的价值，同时也尊重他人的价值。自信是个人毅力的发挥，也是一种能力的表现，更是激发个人潜能的泉源。为此，你需要做到：

1. 不断学习，提升实力

素质决定着命运。认识到这一点后，你就要实事求是地宣传自己的长处，展示自己的才干，并适当表达自己的愿望，这

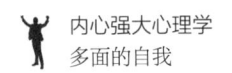

样才能让别人更加了解你，也能给予你更多的机会。

2. 不断超越自己

任何人在这个快节奏、高效率的时代，要想脱颖而出、要想进步，就必须要做到不断挑战自己。一个人的能力是需要不断挖掘的，只要我们能相信自己、欣赏自己、摒弃自卑，就能在职场、事业上彰显自己的能力和价值。

心态启示：

在经济飞速发展的今天，机遇和挑战无处不在。我们不妨自信一点，给自己一个发挥长处的机会。初登舞台，放低姿态；站稳脚跟，慢慢发展；一旦机会出现，就一定要大胆出击。有了这种敢于冒险、勇于迎难而上的精神，你就能创造奇迹。

犯错是一件很正常的事情

面对生活、学习和工作，我们都必须认真，这样我们才会变得出类拔萃、不断进步。我们鼓励认真的态度，是为了让人生变得幸福和充实，然而生活中却有一些人对自己太过苛刻，他们不管做什么事都追求完美，不容许自己有一点点失误，不允许生活有一点点瑕疵，结果常常因为对自己苛求而身心疲惫不堪。

人生不可能事事都如意，也不可能事事都完美。追求完美固然是一种积极的人生态度，但如果苛求自己就会产生浮躁情绪。过分追求完美往往不但得不偿失，反而会变得毫无完美可言。美国作家哈罗德·斯·库辛写过一篇名为《你不必完美》的文章，讲述了这样一个故事。

因为在孩子面前犯了一个错误，他感到非常内疚。他担心自己在孩子心目中的美好形象从此被毁，怕孩子不再爱戴他，所以他不愿意主动认错。在内心的煎熬下，他艰难地过着每一天。终于有一天，他主动给孩子道了歉，承认自己的错误。结果他惊喜地发现，孩子比以前更爱他了。他由此发出感叹：人

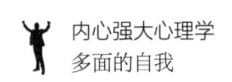

犯错误在所难免，那些有些过失的人往往是可爱的，没有人期待你是完美的人。

这个故事告诉我们：正视错误才令我们完整。我们无须苛求自己，允许自己犯错，这样会活得更轻松。

然而生活中就是有这样一些人，他们做事谨小慎微，总是认为事情做得不到位。太过专注于小事而忽视全局，这主要是性格上的原因，这样的人对自己要求过于严格，同时又有些墨守成规。通常情况下，因为过于认真、拘谨、缺少灵活性，他们比其他人活得更累，更缺乏一种随遇而安的心态。

他们总有这种表现：如果一件事情没有做到能让自己满意的程度，那么必定吃不好、睡不好，总觉得心里有个疙瘩，很不舒服。但要知道，我们不会因为一个错误而成为不合格的人。生命就像是一场球赛，最好的球队也有丢分的记录；最差的球队也有辉煌的一刻。我们的目标是尽可能让自己得到的多于失去的。那么，犯了错误后，我们该如何调整自己呢？

1. 不要苛求自己

你不要总是问自己：这样做能合格吗？别人会怎么看呢？过分在乎别人的看法就是苛求自己，你会忽略自己的存在。

2. 要改变自己的观念

你需要明白一点，世界上没有完美的事，保持一颗平常心并知足常乐，才是完美的心境。换一种新的思路，接受自己的不完美。

3.要改变释放方式

当你心情压抑时,要选择正确的方式发泄,比如唱歌、听音乐、运动等,并且要抱着一种享受的心情。这样你很快会感受到快乐。

4.让一切顺其自然

不要对生活有对抗心理,过于较真的人会活得很累。因此,在思考问题时要学会接纳控制不了的局面,接纳自己所做不了的事,不要钻牛角尖。

心态启示:

什么事情都应有个度,追求完美超过了这个度,心里就有可能系上解不开的疙瘩。我们常说的心理疾病,往往就是这样不知不觉形成的。对自己的错误不依不饶的人,总是不想让人看到他们有任何瑕疵,这样的人看似开朗热情,其实活得很累。

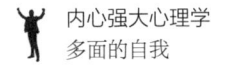

不必追求完美，有点缺点更可爱

俗话说，"金无足赤，人无完人"。能否接纳自己是衡量一个人是否积极、心理状况健康的一项重要指标。很多人会因为自己的一些缺点而感到自卑，在工作、学习上甚至一蹶不振。但如果一个人足够自信且能够坦承自己的缺点，他反而会显得很可爱。

在一次盛大的宴会上，服务生倒酒时不慎将酒洒在一位宾客光亮的秃头上。服务生吓得不知所措，在场的人也都目瞪口呆。而这位宾客却微笑着说："老弟，你以为这种治疗方法会有效吗？"众人闻声大笑，尴尬场面即刻打破了。

这位宾客借助"自嘲"既展示了自己的大度，又维护了自我尊严，令人对其心生敬意。

我们会发现，那些高高在上、看似完美的人似乎没有什么朋友，人们也不愿意与之交往。这就是因为他们用完美将自己封闭了起来，反而让人敬而远之。

有研究结果表明：对于一个德才兼备的人来说，适当地暴露自己一些小小的缺点，不但不会形象受损，反而会使人们更加喜欢他。这就是社会心理学中的"暴露缺点效应"。那么，人们为什么会对那些暴露缺点的人有更多的好感呢？首先，这是因为人们觉得他更真实，更好相处。试想，谁愿意和一个"完美"的人相处呢？那样只会觉得压抑、恐慌和自卑。同时，人们也会觉得他更值得信任。众所周知，每个人都有缺点，坦承自己的缺点可能暂时会使人失望，但经过这"阵痛"之后，人们反而会更多地注意他的优点，感受他的魅力。

与此相反，假如一个人为了给人留下好印象，总是掩盖自己的缺点，可能刚开始大家会觉得他是个不错的人，可一旦缺点暴露，反而会使人们更加难以接受，并给人以虚伪的感觉。这正如一位先哲所说："一个人往往因为有些小小的缺点，而显得更加可敬可爱。"

心态启示：

"金无足赤，人无完人"，生活中那些"趋于完美""毫无瑕疵"的人并没有太多朋友。越是苛求完美，人际关系也越差，因为这些人虽然优秀，但不可爱。自己有缺点，最好的办法就是坦然地承认它。

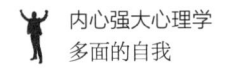

放下自卑，发现不一样的自己

我们身处一个开放和竞争的年代，人际交往越发频繁，这要求我们拥有驾驭自我情绪的能力。在这样的环境中，有些人会时不时地感到自卑，这样的人即使有再多的才华，恐怕也很难获得广阔的施展空间。心理学家认为，自卑是一种消极的自我评价或自我意识，即个体会因为自己某些方面不如别人而产生对自己不信任的消极情感，自卑感就是对自己的能力、品质、外貌等各个方面的评价都偏低的一种消极的自我意识。有自卑感的人总认为自己事事不如别人、自惭形秽、丧失信心，进而悲观失望、不思进取。被自卑感所控制的人不仅看不到自己的长处，使自身创造力的发挥受到限制，还会使正常的精神生活受到束缚。

社会心理学家经过跟踪调查发现，在人际交往中，心理状态不健康者往往无法拥有和谐、友好和可信赖的人际关系，在与人相处中既无法得到快乐满足，也无法给予别人有益的帮助，其主要原因就是他们无法做到正确的自我认知。

人的自我评价往往是根据自己和他人的评价两个方面产生的，从而看到自己的长处和短处。然而，有的人在与他人的比较过程中，常拿自己的短处与别人的长处比较，结果往往令自己自惭形秽，越比越觉得自己不如别人，越比越泄气。只看到自己的不足，忽视自己的长处，久而久之就会产生自卑感。

自卑并不是一种情绪，而是一种长期存在的心理状态。有自卑心理的人在行走于世的过程中，其心理包袱会越来越重，直至压得自己喘不过气，让自己心情低落、郁郁寡欢。因为不能正确看待自己、评价自己，他们常害怕别人看不起自己而不愿与人交往，也不愿参与竞争，只想远离人群，因此，他们缺少朋友。他们做事缺乏信心、优柔寡断、毫无竞争意识、享受不到成功的喜悦和欢乐，因而感到疲惫、心灰意冷。

心态启示：

要消除自卑感，首先我们需要看到自己的独特之处。每个人都是完全不同的个体，没有任何人是一无是处的。

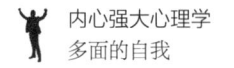

鼓励自己，播下一颗自信的种子

自信是一种对自己素质、能力做积极评价的稳定的心理状态，即相信自己有能力实现既定目标的心理倾向，是建立在对自己有正确认知基础上的、对自己实力的正确估计和积极肯定，是自我认知的重要成分。自卑则主要表现在不欣赏自己、看不到自己的优点、不相信自己的能力，甚至贬低自己，以至于面对别人的肯定和赞扬时也可能不知所措、不能坦然接受。有些自卑的人还会表现出行为退缩，因为害怕犯错误或遭遇失败而不敢做事，与人交往时显得被动等。

自信是一种内在的态度，需要由你个人来把握和证实。所以在建立自信的过程中，一定要学会自我激励。例如，当你遇到重要的事情需要鼓起勇气来面对时，你可以对自己说："父母赋予我生命，就赋予我无穷的智慧和力量，凡事都能成功。"这样可以增强自己内在的信心，激发自己内在的力量，从而成功地达到目的。当然，这种激励只是一种临时的办法，要想长期在自己的内心建立自信，还需要不断地激励自己直到形成习惯。

很多作家、艺术家在未成名之前都受到过冷落和轻视，但是有自信的人能够看淡这一切，继续走自己的路。不经过一番努力，没有人能获得成功。"天下没有免费的午餐"，没有"不劳而获"的事情，重要的是要有自信，并且相信自己。

畅销书作家刘墉曾说："当你站在这个山头，觉得另一座山头更高更美，而想攀上去的时候，你第一件要做的事，就是走下这个山头。"所以，虽然刘墉已经很成功了，他也没放弃自己所坚持的，也不会因别人眼光而改变自己，这才是真正的自信。

的确，无论任何时候，唯有自己相信自己的才华，别人才可能相信你。自己不放弃，别人又怎么能放弃你呢？只有自己相信自己，才能在挫折连连的时候努力走出自己的路，不因别人而放弃自己。没有任何人可以放弃你，除非你先放弃了自己。

心态启示：

自信心的积累需要一个过程，任何人都并不是在刚开始就能踌躇满志。但无论如何，我们都要相信自己、肯定自己。自信能让我们走上光明之路，相信自己的才华是自信的开始。

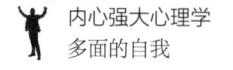

钝感力可以治愈情绪敏感

你是否曾经遇到过这样的场景：你在电梯里遇到领导，好不容易鼓起勇气说："王主任，早上好！"但对方却可能因为没有注意到你而继续与其他人攀谈。此时你该怎么办？自信者在这种情况下会"厚起脸皮"，此后依旧主动交往；而自卑者则会敏感多疑，认为对方轻视自己。

其实对方也许不是在排斥你，只是因为对方的注意力暂时还没转移到你身上，或有其他一些客观原因。你不必气馁，应该继续积极主动与其交往。

彼得是华盛顿区的一名律师，他有一次在《旧金山新闻》上看到一篇对某位名人的采访，于是直接打电话给该名人，希望能探讨其中的一些问题。这位名人当时抽不开身，接下来几次，双方都没有达成约见事宜，而且该名人的态度也很冷淡，但是彼得仍然坚持给他打电话。后来，他们终于在圣地亚哥见了面。从那以后，他们就成了好朋友。

大多数在社会交往上很成功的人，都能够积极地把别人拉入自己的生活中。他们经常采用的方式就是主动出击,与希望认识的人交谈,向自己希望进一步了解的人主动发出邀请。即使他们有时会受挫,但依然愈挫愈勇!要想改善自己的情绪敏感,顺利认识新朋友,这需要我们做到:

1. 学会冷静思考

我们最好要学会把问题交给时间,时间是最好的冷却剂,不妨等几天后看看究竟是怎么回事。如事情较急,可找比较信任的人问清楚。

2. 改变心境,积极交往

大多数人习惯了在人际交往中充当接受者的角色,习惯了别人投来赞许的目光、送来微笑甚至是发出邀请。而他们遇到的大多数人也有同样的习惯,结果往往是谁也没得到对方的认可。与这些被动等待的人交谈,常常会听到他们消极地抱怨"事情总是没有什么结果"。其实,他们也应该反思自己为什么一旦受到挫折、遭到冷遇,就不愿意再尝试。

心态启示:

毫无疑问,自信是人际交往中最重要的品质之一,只有自己相信自己,他人才能相信我们。因此,当你在人际交往中受到冷遇时,一定要告诉自己,你其实是个有趣、值得交往的人,并发现自己的优缺点。当你想清楚这些以后,必能自信起来,打开交往的新局面。

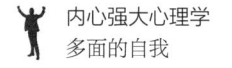

别让比较夺走你的快乐

与人相处难免会相互比较，就容易发现不如别人的地方。"既生瑜，何生亮？"喜欢攀比的人多半会发出这样的感慨，于是他们总是不能开怀。其实，五根手指各有长短，人与人更是各不相同，盲目攀比是我们不快乐的根源，也完全没有必要。

有学生这样向心理医生询问过："这段时间，我觉得自己挺奇怪的，只要看到别人的得意之处，总会忍不住地与自己相比，结果一比，我发现自己是那么不如人。放学之前，大家会交流自己的复习情况，如果听到有人说今天做了多少套题、记了多少知识点，或者记了多少单词，我内心就会莫名地恐慌，甚至有点恨对方，心中暗暗诅咒对方考不好。虽然我知道这样的想法很不对，但就是控制不住自己。难道我真是一个很坏的人，忍受不了别人比自己强吗？"

这类心理活动恐怕很多人曾有过。心理学家指出，如果我们不控制盲目比较的心理的话，轻则会影响到我们的心理健康，严重的甚至会让我们患上心理疾病。只有做到少一些比较，才能多一些开怀。那么，我们该怎样调节心理呢？

1. 通过自我暗示,增强自己的心理承受能力

自我暗示又称自我肯定,是一种调节心理的有效方法,可以在短时间内改变一个人对生活的态度,增强对事件的承受能力。其具体方法包括以鼓励性的语言、动作来鼓励自己。比如,当别人取得好成绩时,你也可以"其实我也很好"之类的语句在心中鼓励自己,久而久之,盲目比较的习惯就会有所改善。

2. 尽可能地纵向比较,减少盲目的横向比较

比较分为纵向比较和横向比较。横向比较指的是将自己与他人比,而纵向比较指的是将昨天的自己和今天的自己比。找到长期的发展变化,以进步的心态鼓励自己,从而建立希望体系,帮助自己树立坚定的信心。

3. 快乐之药可以治疗自卑

生活中有痛苦也有快乐,快乐的人之所以快乐,是因为他们善于发现快乐的点滴。如果一个人总是想:比起别人可能得到的欢乐,我的那一点快乐算得了什么呢?他就会永远陷于痛苦和嫉妒之中。

4. 完善自己

一个人如果明白,只有完善自己才能逐步提高,就能转移视线,不仅找到努力的动力,也会豁然开朗。

总之,知足常乐,少一些比较,多一些快乐,才是最佳状态!

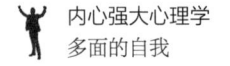

心态启示：

过度比较是一把利剑，这把利剑不会伤到别人，只会伤害自己。它刺向自己的心灵深处，伤害自己的快乐和幸福。俗话说"人比人，气死人"，没有原则、没有意义的比较只会导致一个人心理失衡。如果你能挣脱比较的枷锁，活出不一样的自我，快乐就会如影随形。

第七章
懂得释放,给你奔涌的情绪提供发泄口

快乐的心情可以成为事业和生活的动力,而负面的情绪则会影响身心的健康。然而,现代社会的人们为了生活四处奔波,工作和生活的压力常常使人们喘不过气来。面对情绪,我们可以寻找合理的宣泄方式,把情绪排走。宣泄情绪的方法有很多,如呐喊、运动、倾诉等,只有将负面情绪宣泄出去,我们才能带着一份好心情重新上路!

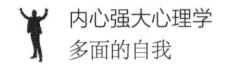

向朋友倾诉内心的苦闷

人生旅途中，谁都会拥有几个知心朋友。我们虽然有一定的抗压能力，但如果压力过大不加以排解，一个人闷在心里或独自承受委屈，就会对健康不利。心理学研究表明，把自己遇到的压力、烦恼对别人说出来，是一种很好的宣泄方法。与别人交谈能让他们分担你的感受，让压力得到分散。倾诉压力和烦恼的过程，就是整理、清晰化自己思路的过程，对减压有益。所以当我们因为压力而内心郁结时，不妨找个知己倾诉，把烦恼都说出来，这样你会轻松很多！

当情绪受到压抑时，应主动把心中的烦闷苦恼都说出来。尤其是那些性格内向、不善交际的人，他们多半无法靠自己的力量做好自我调节，因此可以选择向值得信赖的好友倾诉来排遣。有些事情其实并不像当事者想得那么严重，然而一旦钻进牛角尖，就越急越生气，如果请旁观者指导一下，可能就会豁然开朗、茅塞顿开。

我们每天都要辛苦工作，把自己的压力和困扰告诉朋友，如果可以让你觉得舒服些的话，这未尝不是个减压的好方法。你可以找一些可以信任的朋友，一起出去喝喝咖啡，把自己的困扰告诉他们。

向知己倾诉，有以下3点诀窍：

1. 交几个知心朋友

研究压力方面的心理学专家说："女性其实是一种很需要别人支持的群体。对于女性而言，强大的后备力量显得尤为重要。"其实不只是女性，任何人都需要朋友，尤其需要知心朋友。当遇到不开心的事时，我们都会不由自主地寻找可以为自己打气的人。我们只有拥有几个可以掏心掏肺的知己，才能在需要帮助时获得援助。

2. 你的知己要有一定的抗压能力

曾有专家建议："无论是朋友还是亲人，你都可以依赖。但是，你必须找到在你压力大时真正能帮助你的人。"如果你的朋友的抗压能力还不如你，可想而知，对于你的苦恼，他是帮不上忙的，甚至他的心情也会被你影响。

3. 朋友的知心是前提

当然，这里的知己是指那些能为你保守秘密的朋友。其实这点是非常重要的。

心态启示：

有时候因为人生阅历、所考虑问题的角度等的不同，经过朋友的提点我们才可能会变得豁然开朗。我们不妨让内心"开

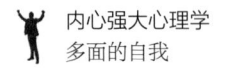

放"一点,当感到心中有压力,产生悲伤、愤怒、怨恨等情绪时,要勇于在朋友面前倾诉,进行合理的宣泄。在他们的劝慰和开导下,不良情绪便会慢慢消失。

第七章
懂得释放，给你奔涌的情绪提供发泄口

偶尔争吵，有助于快速化解矛盾

我们总希望与他人和睦相处，即使遇到矛盾、委屈等，我们也独自承受，因为我们不想争吵，不想影响人际关系。而这样做并不会解决问题，长此以往，我们内心的不快会因此积压，不利于身心的健康。实际上，我们一直避免的争吵也是一种快速解决问题的方式。争吵至少证明我们都有解决问题的愿望，这正是沟通感情、表达内心需求的一种方式。然而，即使争吵，我们也要注意度的问题，不要毫无节制地大发脾气，大动干戈。

小雨和丈夫结婚已经满三个月了。她和丈夫是相亲认识的。谈恋爱的时候她实在太中意这个男人了，他潇洒大方、事业成功、家道殷实，以至于他在向小雨求婚时，小雨想都没想就答应了。但婚后小雨发现，原来婚姻并没有她想象中那么幸福，她一下子由一个美丽的女人变成了整天和锅碗瓢盆打交道的家庭主妇，每天都要面对丈夫的臭袜子。最可气的是，丈夫是个大男子主义者，他希望小雨什么都听他的，这哪里是小雨的风格？于是吵架开始了，小雨一气之下带着怨气回了娘家。

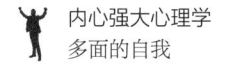

椅子还没坐热，小雨就一股脑儿把自己的委屈都向妈妈说了出来。在一旁看报纸的父亲也凑过来，他对小雨说："你这傻孩子，别动不动就说离婚，夫妻双方吵架是很正常的事，小李人不错，你在来的路上，他就打电话来了，还跟我们道歉。只要没有原则性问题，吵吵架也没什么啊，越吵越热闹啊！"

听到父亲这么说，小雨"扑哧"一声笑了："合着您的意思就是鼓励我们吵架？"

"那肯定不是嘛！我的意思是，你别还像没结婚时一样，希望周围的人都围着你转，男朋友哄着、爸妈疼着。你要调整好心态，离婚说多了会伤害夫妻感情的。再说，吵架了，你们就知道问题的症结了嘛，回去和他好好谈谈。"父亲的话似乎很有道理，小雨听完后，就收拾东西，洗了把脸就回家了。

在这则案例中，小雨因为和丈夫吵架回娘家，但最终被父亲说服。的确那些感情好的夫妻也并不是不吵架，他们通常都会本着以解决问题的原则吵，并把握好度。

人们往往说"平平淡淡就是真"，然而现代社会，"平淡"之中往往隐藏着危机，没有争吵就没有掏心窝子的话语，很多问题就不能解决，这样的"平淡"还不如"吵闹"来得更坦率、更直接。坦白了每个人的想法，不仅宣泄了内心的不快，让我们平静下来，还能让问题以更快的速度解决。

心态启示：

生命是一个过程，不是一个结果，吵吵闹闹的人生才是真实的。因此，在遇到问题、内心压抑时，不妨适度争吵，交流彼此的想法。

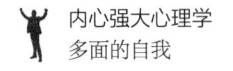

旅行同样可以调节情绪

现代社会中，人们的压力主要源自三个方面：工作、经济、健康。每天面对烦琐的问题，人们难免产生不良情绪。于是，越来越多的人渴望能自我减压和放松。而"回归自然""亲近自然"的魅力正在被这些生活于钢筋混凝土之间的城市人发现，他们逐渐投身到大自然的怀抱中，呼吸新鲜空气，寄情于山水之间。

小雅也是一个有着特殊旅游情结的人。她喜欢旅行，到一个陌生、生动而新鲜的地方，彻底地放松、彻底地做回自己。"旅行有时候是最好的平衡剂，平衡你的欲望、平衡你的心态，找回你对幸福的感知能力。"她最喜欢的旅行方式是和朋友一起自驾旅行，最快乐的旅行经历是有一次去叙利亚，买回了足足一箱子当地的银饰、烛台、金粉画等。她30岁之前最想去的地方有印度、埃及、南非、北极。

为生活奔波忙碌的人平时工作繁忙压力大，所以在闲暇之余十分需要自我放松、调整情绪。我们可以依据个人爱好，选择各种不同的方式来给自己减压。作为普通人的我们，同样也可以选择旅行的方式来亲近自然，以此来纾解我们的压力和不良情绪。一般来说，你可以选择旅行的方式有很多。

1.登山

登山是一个不断征服的过程。当我们跨过一个个山峰，就会发现呈现在自己面前的是另外一片风景，我们的眼界也逐渐开阔起来。同时爬山还能很好地锻炼身体。

因此，在闲暇时间，我们可以约上几个朋友，去大山里走走，去感受另外一个远离尘嚣的世界。当然，登山时我们一定注意安全，最好不要一人登山。

2.野营

野营，顾名思义就是在野外露营、野炊，这是一种锻炼生活技能的很好的方法，并且在相互合作的过程中，人与人之间的关系也会变得亲密起来。通常可以携带帐篷，离开城市在野外扎营，度过一个或者多个夜晚。野营通常还会进行如徒步、钓鱼或者游泳等活动。

3.钓鱼

钓鱼这个活动人们并不陌生，钓鱼的主要工具有钓竿、鱼饵。钓鱼的工具其实准备起来很简单，活动的难度也并不高，十分适合在天气适宜的周末进行。

4.徒步

徒步亦称作远足、行山或健行。它和通常意义上的散步不

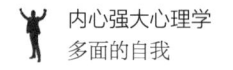

同，也不是体育活动中的竞走，而是指有目的地在城市的郊区行走，不需要登上山顶。但登山和徒步密切相关，两种活动也经常结合在一起。

心态启示：

我们应懂得自我放松，再忙也要在这美好的时节享受自由的幸福。放下一切，不管国内还是国外，找个最喜欢的地方去旅行。没有计划、没有进度表，只有阳光、绿意和湛蓝的海水，以及悠闲的时光。结伴或独自，在阳光下肆意徜徉。

适度运动，可以带来好心情

许多人会面对工作、生活、学习等方方面面的压力，不良情绪常常不期而至。运动是排解压力的一种行之有效的好方法，值得我们尝试。

孙女士是一位医生。她每天要面对大量的工作，心理压力很大，经常感到头昏脑涨、四肢乏力、心浮气躁，脾气也越来越不好。半年的时间她人瘦了不少，气色也不再红润。但是近几个月同事们普遍反映，以前那个心浮气躁、总感不适的她摇身变成了稳重大度、耐心敬业的人。孙女士说，是运动让她放下压力、乐观地去工作与生活，自从每天练瑜伽、散步，她感到浑身有使不完的劲。

像孙女士一样的人并不少见，生活中的种种问题让他们情绪不佳，但却不知如何宣泄。其实运动就是一个很好的方法。美国佐治亚州立大学的研究者通过对70项不同研究分析得出结论：让身体动起来可以增加身体能量，减少疲累感。

不知你有没有这样的体验：当情绪低落时，参加一项自己

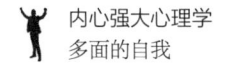

喜欢且擅长的体育运动，可以很快地将不良情绪抛之脑后。这是因为体育运动可以缓解心理焦虑和紧张情绪，分散对不愉快事件的注意力，将人从不良情绪中解放出来。另外，疲劳和疾病往往是导致人们情绪不良的重要原因，适量的体育运动可以消除疲劳，避免罹患各种疾病。

对大多数人来说，只要能多参加运动，适当调节自己的心情，就能获得快乐的心情、赶走不快的情绪。因为运动可以激发人的积极情感和思维，从而抵制内心的消极情绪。此外，运动时能促进大脑分泌一种化学物质——内啡肽。内啡肽可以帮助我们降低抑郁、焦虑、困惑等消极情绪。既能改善体质也能增强自我掌控感，重拾信心。

运动分为有氧运动和无氧运动两种，无氧运动一般时间短、强度高，对身体素质要求较高。最好还是有氧运动，不但有锻炼身体的效果，而且能有效缓解压力。

运动除了汗水，我们收获的会更多，我们的身心会在汗水中得到释放。出汗之后需要及时补充体液和矿物质，再加上一个热水澡，就会有舒服的感觉了。尤其是在经过了一段时间的剧烈运动后，那些所谓的烦恼就都被抛到九霄云外去了，你会觉得身心畅快。科学研究表明，运动后人体内会产生一些类似于兴奋剂的物质，让人感到愉快。

心态启示：

当你心烦意乱、心情压抑时，适度运动可带来好心情。虽然运动对于人排解不良情绪有益，但应该把握适当的强度，否则会对身体造成损害。并且要选择自己喜欢的运动，这样才能持久地坚持下去。

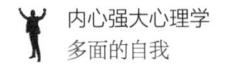

随心所欲，活出真实的模样

一些人在做决定时，总是因为害怕失败和失去而左右迟疑、当断不断、自我怀疑，为自己带来很多困扰。你不妨随"心"所欲，把一些事都交给自己的心决定，这样你便能获得快乐，获得好情绪。

哲学家布里丹养了一头小毛驴，每天向附近的农民买草料来喂它。这天，送草的农民出于对哲学家的景仰，额外多送了一堆草料放在旁边。这下子，毛驴站在两堆完全相同的干草之间可是为难坏了。它虽然享有充分的选择自由，但由于两堆干草质量相等，无法分辨优劣，于是它左看看，右瞅瞅，始终也无法分清究竟选择哪一堆好。这头可怜的毛驴就这样站在原地，一会儿考虑数量、一会儿考虑气味、一会儿分析颜色、一会儿分析新鲜度，犹犹豫豫，来来回回，在无所适从中饿晕了。

小毛驴在充足的两堆草料面前却落得个饿晕的下场，真是匪夷所思。可见，迟疑不定不仅对作出正确行为无丝毫帮助，还会延误时机，甚至酿成苦果。人类似乎也总是重复这个幼稚的错误。

那么，我们如何做到随"心"所欲呢？首先，我们要着眼于当下的工作。同时，我们也要承认痛苦的存在。我们强调要追随自己的内心选择快乐，但这并不代表痛苦不存在。因此，要拥有好情绪，我们就不能过于苛求生活。

心态启示：

人们产生烦恼，很多时候都是因为思考过多。问问自己的内心，你便能找到答案。

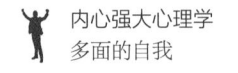

拥有好心态，才能驾驭人生

苦难是生命的常态，烦恼与痛苦相伴，应运而生的是种种困惑。如何面对人生的困惑？对待困惑眼睛要看得远，心要想得开，做到不疑不愁不怒豁达乐观。

著名潜能开发大师迪翁常常用一句话来激励人们进行积极思考："任何一个苦难与问题的背后，都有一个更大的幸福！"他有个可爱的女儿，但一场意外让这个可爱的小女孩失去了小腿，当迪翁赶到医院时，他第一次发现自己的口才不见了。女儿却察觉到父亲的痛苦，笑着告诉他："爸爸！你不是常说，任何一个苦难与问题的背后，都有一个更大的幸福吗？不要难过呀！这或许就是上帝给我的另一个幸福。"

迪翁无奈又激动地说："可是！你的腿……"

小女儿非常懂事地说："爸爸放心，腿不行，我还有手可以用呀！"

听了这样的话，迪翁虽有几分心酸，但也欣慰不已。

两年后，小女孩升入中学了，她再度入选垒球队，成了该队有史以来最厉害的全垒打王。因为她的腿不能走路，所以每天勤练打击，强化肌肉。她很清楚，如果不打全垒打，即使是深远的安打，都不见得可以安全上垒。所以唯一的机会，就是将球猛力击出底线之外！

这是一个乐观积极的小女孩，在最艰难的时刻，她展现出的依然是微笑，因为她相信父亲"任何一个苦难与问题的背后，都有一个更大的幸福"这句话。灾难变得不再可怕，而她本人也更有能力面对那场艰难的挑战。

乐观就是一粒种子，这粒种子能结出人类很多美好的品德果实。它也像一个好朋友，始终对你仁慈，愿意陪你度过人生的风雨征程；它更像尽职尽责的护士呵护着你的耐心，像母亲一样哺育着你的睿智……它是道德和精神最好的滋补剂。

然而，很多人感叹自己活得累，没有快乐可言。之所以人们的生活状态不同，是因为他们的心态不同。痛苦或快乐，取决于你的内心。面对痛苦，你若不成为强者，就会成为弱者。再不顺心的生活，微笑着撑过去了，就是胜利。

生活的快乐与否，完全取决于个人对事物的看法如何。你的态度决定了你一生的高度。你认为自己贫穷，并且无可救药，那么你的一生将会在穷困潦倒中度过；你认为贫穷的生活状态可以改变，你就会变得积极、主动，你就会摆脱现状。心态决定人生，也就是这个道理。

总之，面对人生的烦恼与挫折，最重要的是摆正自己的心

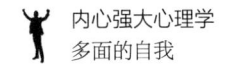

态，积极面对一切。再苦再累，也要保持微笑。笑一笑，你的人生会更美好。

心态启示：

从现在开始，我们不妨改变一下自己的态度，无论何时，都要微笑面对生活。不要抱怨生活给了自己太多的磨难；不要感叹命运的不公；不要埋怨生活中有太多的曲折。当我们走过世间的繁华与喧嚣，阅尽世事，就会明白：人生不会太圆满。这样，我们就能真正掌控自己的生活了。

要懂得适当宣泄

你是否遇到过这样的情况：不到六点钟，闹钟就把你惊醒，因为八点钟之前就要到公司，而你还必须得为孩子准备早饭、开车把他送到学校。你叫了几次，孩子都不起床，正当你为此生气时，你又不小心打翻了为孩子做好的早饭，你更是火冒三丈。当你好不容易赶到办公室，却发现自己已经迟到了，这月奖金又没了。你心里倍感委屈，生活怎么这么艰辛？

生活和工作中，类似于这样的让我们产生负面情绪的事情实在太多，孩子不听话、同事不合作、上司没来由的批评等，都会成为我们负面情绪的导火索。如果我们处理不当，就很有可能造成难以预料的后果。

一味地压制这些负面情绪，问题也并不会因此解决，同时积压在身体内部的负面能量会引发头痛、胃病等。所以，压抑绝不是面对愤怒的最好方法。

每个人都会对身边的事情产生情绪，人都有喜怒哀乐。面对情绪，我们可以适时找到合理的宣泄方式，把情绪排走。

所谓合理发泄情绪，是指在产生不良情绪，想要发泄的时候，选用合适的方式方法，选择合理的场所。下面是4种发泄

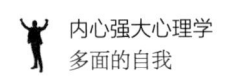

悲观情绪的方法：

1.倾诉法

当你觉得内心憋闷、心情抑郁时，可以选择倾诉的方式来排遣，倾诉的对象可以是你的朋友、同事，也可以是你的亲人。消极情绪发泄出来后，精神就会放松，心中的不平之事也会渐渐消除。

2.哭泣

当你遭到突如其来的灾祸，精神受到打击心里不能承受时，可以在适当的场合放声大哭。这是一种积极有效的排遣紧张、烦恼、郁闷、痛苦情绪的方法。

3.摔打安全的器物

如枕头、皮球、沙包等，狠狠地摔打它们，你会发现当自己精疲力竭时，内心会变得畅快。

4.高歌法

唱歌尤其是高歌，除了能够愉悦身心，还是宣泄紧张和排解不良情绪的有效手段。

心态启示：

人不仅要有感情，还要有理智。如果失去理智，感情也就成了脱缰野马。在陷入消极情绪而难以自拔时，我们不能压抑，而应该适时找到宣泄的方式。内心舒畅，才能及时卸下包袱，继续上路！

第八章
心理暗示，正向情绪会让你的人生不同凡响

我们不可能始终生活在好情绪之下。对于负面情绪，除自我控制、宣泄和转移外，我们还可以通过自我暗示的方法来获得正面能量。自我暗示与自我肯定是良好的训练，因为这些肯定性信息能反馈到我们大脑中，产生我们真正所盼望的自我改进与自我完善，从而促进我们改善身心。当我们开始这种训练，并且坚持一段时间之后就会发现，它能够自我激励与精神升华，帮助我们重塑自己的人生，重新构筑自己的内心世界。

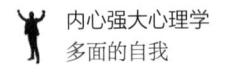

激发积极情绪,战胜消极情绪

困难和挫折是难免的,人生起起落落也无法预料,但是有一点我们一定要牢牢记住:积极乐观、永不绝望。当我们遇到逆境或者不顺心的事时,千万不要忧郁沮丧,要鼓励自己消灭消极心态,不要让痛苦占据你的心灵。

西齐弗因触犯了天庭之法,被惩罚到人间受苦。他每天必须推一块石头上山,当他将石头推到山顶后回家休息时,石头又自动地滚下来,于是西齐弗第二天又得去推。这是天神想让他在"永无止境的失败"中遭受惩罚,以此来折磨他的心灵。

可是西齐弗不认为这就是受苦受难的命运安排。他心中想的是,推石头上山是我的责任,至于石头滚下来,那不算是我的失败。因此他心中始终平静,从不丧失信心,不放弃自己的职责,每天都满怀希望。天神见折磨西齐弗心灵的企图无法奏效,只好放他回了天庭。

用这个故事对照现实生活,我们可以得到启示:人必自助而后天助。若连自己都不愿帮助自己,还有谁会帮助你呢?只要始终自我激励，相信自己能行，永不放弃追求，我们就是命运的主人。因此当我们受挫时，一定要告诉自己：摔倒了还要漂亮地爬起来。

可能很多人会产生疑问，怎样才能具备积极的心态呢？其实，这完全在于我们自身的选择。当坏心情降临时，你可以用某些哲理或名言安慰自己，鼓励自己同痛苦、逆境作斗争。自娱自乐也会使你的情绪好转。比如，当你遇到了困难，正想放弃时，你可以告诉自己"我是最棒的，我一定能重新站起来。""别发火，发火会伤身体。"

另外，语言也是激励自己最好的工具。语言是影响情绪的强有力的工具，当你悲伤时看一些幽默的故事，就可以消除一些悲伤。

无论我们遇到什么事，都不要让消极心态有机可乘。一旦遇到消极心态的袭击，必须马上自我保护，提醒自己这只不过是生活的挑战而已，你便能消灭那些消极心态了。

心态启示：

挫折和烦恼会引发消极的心态和情绪。心理成熟的人不是没有消极情绪，而是善于调节和控制自己的情绪。自我激励是用理智控制不良情绪的一个好方法。恰当运用自我激励，可以给人以精神动力。当一个人在困难面前或身处逆境时，自我激励能使他从困难和逆境造成的不良情绪中振作起来。

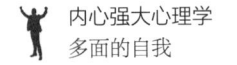

反复暗示，学会做快乐的自己

人们的心情总是会因为周围发生的事而受到影响，当遇到不幸或者不快的事情时，心情还会因此低落。但无论遇到什么，我们都要反复暗示自己，不要被低落的情绪控制。那些成功者之所以成功，就是因为他们做到了这点。决定人生成败的是态度，积极乐观的人可以在任何时候都快乐，无论道路多么崎岖都会毅然前行；消极悲观的人总是触景伤情，甚至感觉活着是那么艰难。所以，不管你身处何种境地，一定要保持正面情绪，积极、乐观、不抱怨，你就会变得成熟、自信。

许多人一陷入困境，就变得消极、悲观，甚至一蹶不振。其实，并不是困难打败了我们，而是我们自己打败了自己。我们应反复暗示自己，困境是另一种希望的开始，它往往预示着明天的好运气。因此，你只要放松自己，告诉自己希望是无所不在的，再大的困难也会变得渺小。这样，你也就能挣脱低落情绪了。

一个对自己的内心有完全支配能力的人，对他自己获得的任何其他东西都会有支配能力。当我们开始运用积极的心态，并把自己看成成功者时，我们就开始走向成功了。

那么，我们该如何暗示自己摆脱低落情绪呢？

1. 摒除那些消极的习惯用语

消极的习惯用语一般有：

"我好无助！"

"我该怎么办？"

"我真累坏了。"

……

相反，我们可以这样说来激励自己：

"忙了一天，现在心情真轻松。"

"我要先把自己整理好。"

"我就不信我战胜不了你！"

2. 有意接收积极信息

每天早上起床后，就要主动去接触那些积极的信息，你只要浏览一下当天报纸上的几条重要新闻即可，这足以让你了解当今世界的重大新闻。你可以多关心一些与自己的工作和生活有关的当地新闻。在开车或者坐车去上班的路途中，你也可以听一些愉快的音乐。而晚上，你可以多陪陪你的爱人和孩子，向他们讲讲当天的趣事。

当你情绪低落时，可以放下手中的工作和烦琐的生活，去公园逛逛。如果情绪仍不能平静，就积极地去尝试社交，一起散步游戏，把自己的情绪转移到帮助别人身上，并重建自己的信心。通常只要改变环境，就能改变自己的心态和感情。

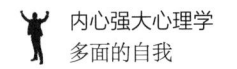

心态启示：

乐观者也会心情低落，但他们善于调适自己的心情。乐观主义和现实主义是解决问题的金钥匙！

唤醒自我，立即行动起来

有人说，世界上的人分别属于两种类型。一种是"积极主动"的人，另一种是"消极被动"的人。前者一生积极向上，不断努力做事，绝不拖延，不达目的誓不罢休，因此他们成功了；而后者总是给自己找借口，直到最后证明这件事"不应该做""没有能力去做"或"已经来不及了"为止，因此他们失败了，最终庸庸碌碌地过完一生。

每天都有无数的人把自己辛苦得来的新构想取消或埋葬掉，因为他们不敢执行。过了一段时间以后，这些构想又会回来折磨他们。我们若想成功，就应该摆脱那些消极情绪，立即行动。

一个人若要获得成功，若要活出精彩的人生，首先要战胜自己，战胜怯弱，摒除消极情绪，积极行动起来！

对此，我们需要做到：

1.建立良好的心境和情绪

虽然我们不得不承认，人和人在很多方面的差距是与生俱来的，如长相、身材、家境等。但是通过后天的努力，我们依然可以改变很多，如个人能力、阅历。一些人面对与他人的差距会怨天尤人，但抱怨并不能改变这种差距。而你要缩小这种

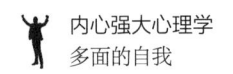

差距甚至超越他人，就必须挖掘自己内心的力量——自信。设置与把握正确的人生目标，运用自己的能力向着我们所设定的目标努力，并采取一些具体的行动。只有这样，才能达到一种心理平衡。在富有耐心而坚毅的努力过程中，我们将逐渐显示自己的优势，超过别人，超过那些我们以前自以为不如的那些人。

2.真正执行你的创意，让其发挥价值

你的创意再好，如果只是停留在"想"的阶段，你永远都不会看到成果。

最无奈的一句话就是：我当时真该大胆地去做。我们身边也经常有人感叹："如果我在那时开始做那笔生意，早就发财了！"或"我早就料到了，我好后悔当时没有做！"一个好创意，如果只是想想而已，并没有被执行的话，一定会叫人叹息不已，感到遗憾，如果真的施行彻底，当然也会带来无限的满足。

心态启示：

如果人生是一次征途的话，这场旅途必然是精彩的，也是艰难的，有鲜花、阳光，也就会有荆棘、阴霾，它们对我们的情绪也会产生不同的影响。对此，我们要学会筛选，不能让那些悲哀、恐惧、迷茫等心境困扰我们，应该去努力寻找幸福、美好。我们应该常常回想那些快乐的往事，这些事情会在心中泛起层层涟漪，激发人们去开拓未来，而对那些不愉快的事情和诸多的烦恼，则尽量要从头脑中抹掉，切不可让阴影笼罩心头，失去前进的动力。

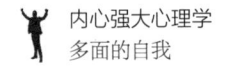

自我暗示，最快速的情绪调节法

生活是千变万化的，悲欢离合、生老病死、天灾人祸、喜怒哀乐都在所难免。一次考试的失利、一场同伴的误会、一句过激的话语，都会影响我们的心情。生活中不顺心的事总是很多，这就需要我们学会调节自己的心态。最简单有效的做法就是用积极的暗示替代消极的暗示。当你想说"全都完了"的时候，要马上替换成"不，我还有希望"；当你想说"我不能原谅他"的时候，要很快替换成"原谅他吧，我也有错呀"等。

暗示是生活中最常见的一种特殊心理现象，它是人或周围环境以言语或非言语的方式向个体发出信息，个体无意识地接受了这种信息，从而作出一定的心理或行为反应的一种心理现象。暗示就像一把"双刃剑"，它可以拯救一个人，也可以毁掉一个人，关键在于如何运用并掌握暗示的意义。

那我们应该如何运用心理暗示，从而调节出最佳状态呢？

1.暗示语言要精练

暗示的目的是调动潜意识的力量。但不能用过于复杂的语言，应采用"我能行""我一定能成功""我一定能学会的""我一定能考出好成绩"等简单、精练的语言进行暗示。

2. 采用积极的暗示

面对同样难度的事，有的人对自己充满信心，相信自己"很快就能做到"；有的人则缺乏信心，怀疑自己"根本做不到"。两种不同的心态，结果就会大相径庭。前者属于积极的暗示，即使遭遇失败也不当一回事，只是不停地努力，结果可能很快就成功了。而后者则属于消极的暗示，总是想着自己经历的失败，这样做起事来就费力费神多了。因此永远不要对自己说"我很笨""我根本学不会""我不可能成功""我麻烦了""我真糟糕""我绝对不行""我肯定会失败""我一定赢不了"等话语消极、负面的字眼会让你产生消极的暗示，导致消极的行为。如果你经常对自己进行积极的暗示，诸如"很快就能学会""我非常棒""我一定能赢"，这样会让你产生积极的思维和行为。

3. 多用肯定句

我们也许都有这样的经验，骑车时看到前面有一棵大树，你不断告诫自己"千万不要撞上去"，结果你可能就会真的撞了上去。也就是说当你始终想着"千万不要撞上去"，反而会由于"相悖意象"，而使你遭到失败。正确的想法应该是"我一定能够绕过去"，这样才能跟着自己的想法，达成想做的事情。因此，应使用积极的暗示性语言，如"我不会失败""我不能失败""我不能考砸了""我不能生病""我不能自卑"等改为"我一定会成功的""我一定能考好""我很

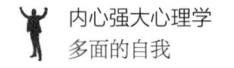

健康""我很自信"等。

心态启示：

我们要养成积极暗示的习惯。经常对自己说"我能行""太好了"。如果把这两句话变成口头禅，一定会产生积极的作用。是的，一定要学会积极暗示、正向思维、换位思考、多角度思考。

第八章
心理暗示，正向情绪会让你的人生不同凡响

用心理暗示法控制坏情绪

有些人常常会莫名其妙地出现坏情绪，其实他们可能并不是受到了什么严重的打击，也不是他们正在遭受折磨。恰恰相反，也许他们正处在人生的高峰期，不管是生活还是工作都让周围的人羡慕不已。也许在人们看来他们应该每天都春风满面，但实际上并非如此。实际上，这类人心情不好的主要原因并不是来自生活，而是来自自己的心态，这种消极的心态像一把大伞遮住了人们的心灵，因此人的心里就会觉得憋闷，心情自然不会好到哪里去。

曾经有个人怀疑自己得了癌症，每天食不知味、夜不能寐、焦躁不安，好像自己真的得了癌症一样。后来他去医院就诊，排除了癌症的可能性，才知道是自己吓自己，身体也慢慢恢复了。

相反，另一个人已经被医院确诊为结肠癌，但他好像完全没这回事似的，家人为他担心，他反倒劝慰家人。接下来他开始和癌症作战，坚信"狭路相逢勇者胜"，于是不断地进行自我暗示："我肯定能战胜病魔，我肯定能好起来。"吃药时他

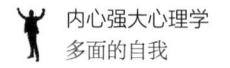

念叨："这药很好，吃了一定有效果。"走路时想着："生命在于运动"……这些自我心理暗示渐渐地对身心产生了良好的作用，十多年来病情日渐稳定，他对身体的康复也越来越充满信心。

无论我们遇到什么事，要想保持好心情，就要做到积极地自我暗示。自我暗示的方法有很多，可以小声对自己说话、在心里默念、大声说出来、在纸上写下来、歌唱或吟诵，但无论采取什么方法，我们都需要坚持，如果能每天进行十几分钟的练习，就能消除多年来养成的消极思想习惯，从而创造出一个积极的现实。

心态启示：

暗示是影响潜意识的一种最有效的方式。它指导着人们的心理、行为。暗示往往会使人不自觉地按照一定的方式行动，或者不假思索地接受一定的意见和信念。

第九章
转移效应,努力摆脱坏情绪走上快乐之路

我们在生活中难免会遇到一些不顺心的事情,不好的情绪如果没有及时得到宣泄,将会有害身心健康。当我们被坏情绪所困扰,又不能对他人发泄的时候,不妨尝试转移坏情绪,我们可以有意识地做别的事情来分散注意力,缓解情绪。如听音乐、散步、打球、看电影、骑自行车等,这些活动都能将心中的苦闷、烦恼、愤怒、忧愁、焦虑等不良情绪宣泄出去。

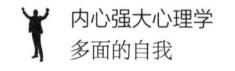

情绪转移定律，巧妙化解负面情绪

情绪是一把双刃剑。当我们牢牢地掌握情绪时，我们就可以随时可以让坏情绪远离我们。无论顺境逆境、成功失败、得意失意，我们始终能保持冷静的头脑，从容面对，泰然处之。其实谁都有坏情绪，面对坏情绪，只要我们积极调节就能及时消除，重要的方法之一就是转移法。

薇琪是一家外企的职员，她心地善良，也受到很多同事的欢迎，可是令她不明白的是，为什么许多和自己一起进公司的同事都晋升了，而自己还原地不动。

有一次，公司准备派一位女职员去接待合作公司的代表，薇琪想："这次该是我去了吧，我是公司外语最好的，应该没有理由不让自己去了。"可是第二天公司还是没让她去，而是让一个新人去了。这让薇琪很不舒服，她这次准备找主管问清楚，当她正准备进主管办公室时，在门外听到了主管和经理的对话。

"经理，这样不好吧，薇琪的能力挺强的，这次是不是太伤她的心了？"

第九章
转移效应，努力摆脱坏情绪走上快乐之路

"就她那个火暴脾气，她和合作方代表两句话不对头吵起来都说不定，我可不能让她砸了公司的生意。你们有时间也多去劝劝薇琪改改自己的脾气，能力好也总不能将工作情绪化，这是我们公司员工必备的素质和修养。"

这些话被门外的薇琪听见了，她终于知道自己的致命弱点了。怪不得以前大家都说在这家公司必须得养个好性子，否则别想升职，她算是彻底明白了。

后来，薇琪尝试着控制自己的情绪，每当自己要发作时，她都会选择以写字的方法来转移情绪。她写了满满一页纸后，心情也就变好了。一段时间以后，她的谈吐果然不一样了，整个人的气质也由内而外改变了很多。这些改变都被领导看在了眼里，她的晋升梦也实现了，更重要的是，她的品质和修养得到了提升。

坏情绪就像弹簧，假如你一次又一次地后退，坏情绪就会一次又一次地前进，直到最后占据你心灵的高地，操纵你的一切。

所以我们不但要控制坏情绪，还要学会转移情绪，当我们被坏情绪所困扰时，不妨尝试自我调节和放松。心理学家认为，在发生情绪反应时，大脑中有一个较强的兴奋灶，此时如果另外建立一个或几个新的兴奋灶，便可抵消或冲淡原来的优势中心。我们因为某件不顺心的事情烦躁、暴怒的时候，可以

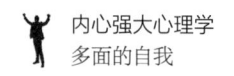

有意识地做点别的事情来分散注意力。

心态启示：

坏情绪是影响人际关系的"无形杀手"，然而我们无一例外都会被各种情绪所困扰。我们要学会转移注意力，通过其他活动逐渐淡化不良情绪。

第九章
转移效应，努力摆脱坏情绪走上快乐之路

情绪激动时，调一调呼吸

我们总会遇到一些影响情绪的事，平静的心会被扰乱。我们或开心、或悲伤、或愤怒，这些激动的情绪若不进行排解，就会产生恶性循环，而我们就是这个循环反应的罪魁祸首。激动引发冲动，我们在心情激动前不妨先深呼吸一下，让自己冷静下来，这样便能远离冲动，抑制激动，从而重获开心。

其实激动本身并没有任何破坏性，但在激动的状态下，人们会做出失去理智的事，它给人带来的负面影响可能远远大于我们的想象，会给生活带来深远的影响。

人们在遇到或悲或喜的事情时都会激动，并且很难一下子冷静下来，所以当你察觉到自己的情绪非常激动，将要控制不住时，可以及时转移注意力来自我放松，鼓励自己克制冲动的情绪，这时，我们可以尝试一下深呼吸。在深呼吸后，你可以通过自我暗示来平息情绪。这样，你就不至于会发火了。事实证明，"重新判断"的确是一种极为有效的控制不良情绪的方法。

我们控制好冲动的情绪后，还要重新思考，为什么会有冲动的情绪；为什么自己不能从一开始就看开点儿；为什么不能

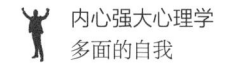

很好地控制情绪，努力打开心结，这样才能从源头遏制冲动。

心态启示：

深呼吸是一种有效的转移激动情绪的方法，我们应反复告诉自己，立刻发泄情绪既会"伤"了自己，也会伤害他人。

第九章
转移效应，努力摆脱坏情绪走上快乐之路

学会遗忘，心境自然会放松下来

如果我们把痛苦埋在心里，长此以往就会深陷意志消沉的泥潭而不能自拔。因此要远离痛苦，就要找到一剂"止痛"的良方，这剂良方就是忘却。

很多时候人们都是在为过去所累，过去的怨恨、过去的争吵、过去的误解、过去的情感，包括过去的辉煌与荣耀。其实那些不过都只是飞过头顶的一片云彩，飘过眼前便云消雾散。懂得忘记不快的人是豁达的、成熟的、美丽的。因为忘却就是一种豁达，是一种千帆过后的沧桑沉淀。除旧迎新，遗忘一些过往之后会使体内的血液更新鲜地涌动！

忘却也是一种美丽，是一种禅意的空灵。既然这样，我们就要学会善于淡化和忘记烦恼，那么，如何才能淡化和化解烦恼呢？你可以试试以下方法：

1. 把一切交给时间

时间是最好的淡化、忘却痛苦的工具。遇到烦恼之事，倘若你主动从时间的角度来考虑，心中对烦恼之事的感受程度可能就会大大减轻。受到批评，面子很过不去，心里难以承受，不妨试想一下三天后、一星期后甚至一个月后，谁还会把这件

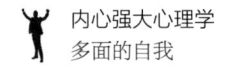

事当回事，何不提前享用这时间的益处呢？

2.忘却不是逃避

这就是要勇于承认现实，坦然面对现实，对任何既成事实的过失及灾祸，不必过多地后悔和烦恼，也不必因此喋喋不休地责备自己或他人，而应把思想和精力放在努力弥补过失、最大可能地减少损失方面，否则过多的后悔、无休止的责备不仅于事无补，而且会扩大事端，徒增烦恼。

当然，忘却不快，并非是简单地对过去的抹去和背叛，而是把往昔的痛苦与烦恼沉淀于心底，更好地主宰自己的命运，把握未来。学会遗忘，走出烦恼泥潭，便会倍感生命的可贵、生活的绚丽，从而让生命更富有朝气和力量。

心态启示：

如果对于荣辱、富贵、贫穷、诽谤、嫉妒、酸楚等能做到一笑置之，那么你就得到了解脱，心理就平衡了。让我们忘却有害无益的人和事吧，保持心理的平衡。

第九章
转移效应，努力摆脱坏情绪走上快乐之路

转移注意力，让不良情绪逐渐消散

不快的情绪如果没有及时得到排解，将会有害身心健康。但是假如我们只要遇上不顺心的事情，就将自己不快的情绪发泄到家人或朋友身上，又会伤害身边最亲近的人，甚至影响家庭或同事间的和睦关系。其实，当出现不良情绪时，我们可以使注意力转移到其他活动上去，忘我地去干一件自己喜欢干的事，如练习书法、打球、上网等，从而使心中的苦闷、烦恼、愤怒、忧愁、焦虑等不良情绪通过这些有趣的活动得到排解。

伍德亨先生能够在工作中取得辉煌的成就，得益于他年轻时养成的一种调节情绪的习惯。那时他还是一家公司里的小职员，经常受到同事的轻视。

一次，他忍无可忍，决定离开这家公司。临行前，他用红墨水把公司每一个人的缺点都写在纸上，将他们骂得体无完肤。骂完后，他的怒气逐渐消去，最后决定继续留在公司。从那次以后，每当心中怒火中烧的时候，他总是把满腹牢骚都用红墨水写在纸上，立刻感觉轻松不少。这些纸条一直被他隐藏起来，从不拿给别人看。

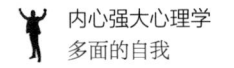

那么，我们又该如何转移注意力、排解不快乐呢？

1. 倾诉

倾诉可取得内心感情与外界刺激的平衡。在遇到不幸、烦恼和不顺心的事之后，切勿忧郁压抑，把心事深埋心底，而应将这些烦恼向你信赖的、头脑冷静的、善解人意的亲友倾诉。如果没有倾诉对象，自言自语或对身边的动物讲也可以。

2. 读书

读感兴趣的书或轻松愉快的书，读时漫不经心地随便翻翻，发现一本好书并沉浸其中，那么一切烦恼都会抛到脑后。

3. 求雅趣

雅趣包括下棋、打牌、绘画、钓鱼等。从事喜欢的活动时，不平衡的心理自然会逐渐得到平衡。"不管面临何种烦恼和威胁，一旦开始专注于兴趣活动中，我们的大脑便没有它们的立足之地了。它们隐退到阴影黑暗中去了，人的全部注意力都集中到了生活上面。"伊丽莎白就是通过画画治好了抑郁症。

4. 做好事

做好事能够获得快乐，平衡心理，内心得到安慰、感到踏实。与人为善，这样才会有朋友。在别人需要帮助时伸出你的手，施一份关心给人。友善是最好的品质，你不可能去爱每一个人，但你尽可能和每个人友好相处。

第九章
转移效应，努力摆脱坏情绪走上快乐之路

心态启示：

每个人都有不良的情绪，这很正常，我们不要把这些情绪压抑在心中，因为一味地压抑心中不快，负面情绪并不会消失，久而久之就可能使我们的身心越来越疲惫。因此，除了自我调节和消化，我们还应该学会转移情绪，让它尽快释放出来，将负面情绪降到最低程度。

第十章

赶走悲伤，别把自己困在痛苦的往事里

人生有喜就有悲，正如天气有晴有阴一样，阳光不会一直照耀我们。生命之旅不会一帆风顺，总会有挫折出现。莎士比亚说过："聪明的人永远不会坐在那里为自己的损失而哀叹。他们会去寻找办法来弥补自己的损失。"生活中的不如意难免会使我们悲伤，但只要我们勇敢一点，放下那些悲痛和忧伤，就会让内心充满快乐，继续前行。

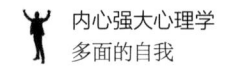

化悲痛为力量，勇敢前行

你是否遭遇过失败？你是否意志消沉过？你是否奋力一击过，但最终还是彻底失败？面对这些问题你无须害怕，失败只是我们通往胜利路途上的一小部分而已。伟大的成功通常是在无数次痛苦失败之后得到的。

曾经有两个年轻人失业了，他们去拜访一位大企业家，想询问他如何才能获得成功。这位企业家说："刚开始时，我供职于一家信息报道公司，这家公司的待遇并不好，不过我已经很满足了。后来公司因为业绩不怎么样，不得不裁员。果然，不久后我就收到了公司的裁员通知。刚开始我真是万念俱灰，但很快我冷静下来，发现离开这个工作岗位是有好处的，因为我不喜欢这份工作，也不会有什么大作为，我只有离开这儿才能有找个好工作的机会。果然，不久我便找到一个更称心的工作，而且待遇也比以前好。我因此发现被辞退这件事，其实是件好事。"

把失败转变为成功，往往只需要一个想法紧跟一个行动。

第十章
赶走悲伤，别把自己困在痛苦的往事里

我们发现，那些成功者都是勇敢的、理智的，即使遇到失败也不会退缩，而是能化悲痛为力量，把失利当成提升自己的一次机会。他们这样勉励自己："我要振作精神，跟命运搏斗；我要把痛苦化为力量，设法有所建树。"实际上在失利面前，我们需要停下来好好想想、歇歇脚步。失利正好给了我们反省的机会，这更利于我们看到自己的不足。

一朝一夕就成功是不可能的。每一个奋发向上的人在成功之前都曾经历无数次的失败。我们需试验、耐心和坚持，才能积累经验，取得成功。化失败为动力可以尝试以下五个步骤：

（1）仔细分析现状，找到自己的问题，不要怪罪任何人。

（2）给自己重新制订一份计划，这份计划需要考虑到前一次失败的原因。

（3）不妨去想象一下自己获得成功后的欢愉场景。

（4）收起那些曾经让你不快的记忆，它们现在已经变成未来成功的肥料了。

（5）重新出发。

你可能需再三重复这五个步骤，然后才能如愿达到目标。重要的是，每尝试一次，你就能增加一次收获，并向目标更进一步。

心态启示：

在我们追求成功、实现人生理想的征途上，无论遇到什么

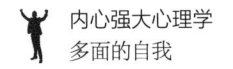

情况，都不要自己打败自己，凡事都往积极的一面看，这样就能顺利战胜失败的打击。如果能养成细致入微的观察力，就会看到事物往好的方向发展的一面。

别再为过去忧伤，学会向前

一位作家在被人问到该如何抵抗诱惑时回答说："首先，要有乐观的态度；其次，要有乐观的态度；最后，还是要有乐观的态度。"

一次孔子带着学生去郊外散步，看见一位老者在田里一边捡麦穗，一边哼着小曲，子贡问道："老伯，你这么大年纪还在田中捡麦穗，真可怜啊，怎么还唱歌呢？"老人笑着说："我的快乐在你们心里是忧虑，我虽然贫穷，但我心安理得，所以我没有烦忧，心里有的都是欢乐的歌。"

人遇困惑，如能想得开、拿得起放得下，最为可取。北宋大文学家苏轼被贬到海南时赋诗曰："参横斗转欲三更，苦雨终风也解晴。云散月明谁点缀？天容海色本澄清。空余鲁叟乘桴意，粗识轩辕奏乐声。九死南荒吾不恨，兹游奇绝冠平生。"这是何等的洒脱大气、磊落胸怀，又是何等的豁达乐观！因此，无论命运把你抛向何种险恶的境地，都不要被忧伤的眼泪迷住双眼，而应该毫无畏惧，用笑容去面对它！如果你

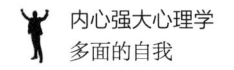

能正确地看待挫折,你就能找到新的起点、新的角度,也能发现是什么使得你裹足不前。

心态启示:

一个乐观开朗的人,无论面对什么样的生活都有能力重新开始。对任何人来说,这是比什么都重要的财富。

第十章
赶走悲伤，别把自己困在痛苦的往事里

放下过去的伤痛，朝前看

人生如变幻莫测的天空，刚才还晴空万里，转眼间阴云密布、倾盆大雨，但天空终会放晴。人要向前看，不管过去多么悲伤失意，过去了的总会过去，只有向前看，才会有希望。

谁都不愿提起和想起伤心往事。被人们称为"旧伤"的记忆不像电脑程序，可以被删除、剪切，只能靠我们自己来修复。那么，我们该怎样"修复"那些旧伤呢？

1.不要强迫自己去忘记某件事情，把一切交给时间

忘记任何一件痛苦的事都需要一个过程，因此即使有时偶尔会想起它其实也无妨。当你想起它时，你可以对自己说：那都是过去的事情了，看我现在多快乐啊！相比过去而言，现在的我是多么的幸福啊……人要往前看，往好处想，这样随着时间的流逝，那些过去也就真的成为"往事"了。

2.转移注意力，不给"旧伤"复发的空隙

你可以从现在起把你的时间排满，做一点别的事情来转移自己的注意力。打开你的生活圈子，关心你的朋友、你的亲人。这样你会觉得快乐，淡忘那些痛苦的回忆。

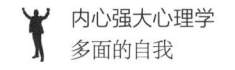

3. 找到适当的发泄方式

你可以试着找真诚的朋友听你诉说心里的苦闷，多听听他人的意见，多从积极乐观的角度去想事情，微笑着看待生命中的每件事。你也可以尝试其他适合自己的放松和发泄方式，如逛街、欣赏音乐、跳舞、跑步、看书等。

可见，乐观豁达的态度无论对于我们自己，还是对于我们周围的人，都能带来积极的情绪，带来成功。失败者通常有一个悲观的"解释事物的方式"，这些人遇到挫折时总会在心里对自己说："生命就是这么无奈，努力也是徒然。"如果常常运用这种悲观的方式解释事物，就会在无意中丧失了斗志，不思进取。

心态启示：

笑对人生，生活不会亏待每一个热爱它的人。生命是一次航行，自然会遇到暴风骤雨。那么我们该如何驾驶生命的小舟，让它迎风破浪，驶向成功的彼岸呢？这需要勇气，需要以平常心去面对一切！

第十章
赶走悲伤，别把自己困在痛苦的往事里

放下昨日的失败，重振今日的信心

我们要懂得放下，放下那些失败的重担，才能肩负明天的希望。若把过往都逐个装进行囊，恐怕我们的路会越走越艰难，步子也会越来越沉重。

然而，生活中总有人一味沉溺在已经发生的事情中，不停地抱怨、自责，将自己的心境弄得越来越糟。这种对已经发生的不可弥补的事情不断抱怨和后悔的人，将无法看见前面一片明朗的人生。

伤神和郁闷无济于事，只有一门心思地朝着目标走，才是最好的选择。如果跌倒了就不敢爬起来，不敢继续向前走，或者就决定放弃，那么将永远止步不前。

请抛却那些失败之后的不安吧，如果你想取得最后的成功，就必须破釜沉舟，勇于忘却过去的不幸，开始新的生活。

忘记过去的成功与失败，给自己一个全新的开始，我们便会从未来的朝阳里看见另一次成功的契机。不要囿于曾经或者眼前的困境，任何时候都要有从头再来的勇气。无论你在人生的哪个时刻被命运甩进黑暗，都不要悲观、丧气，在这种情况下，你体内沉睡的潜能最容易被激发出来。放下痛苦才能赢得

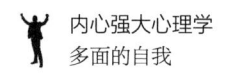

幸福；放下烦恼才能赢得欢乐；放下忧郁才能赢得开朗；放下悲伤我们才能走出阴影。

总之，快乐的人总会给自己创造快乐，悲伤的人总让自己变得悲伤。不是生活让你怎么样，而是你使生活怎么样。我们每个人都有自己的快乐，只是需要你去找到它。

心态启示：

人生短暂，不如意的事更是十有八九，失败不过为其一二。面对失败，我们要学会坚强、学会乐观、学会控制好情绪，更要学会调整自己的心态。拥有好心情，才是至关重要的。

第十一章
战胜忧郁的阴霾,让阳光照亮心灵

忧郁是人们常见的情绪困扰,是一种感到无力应对外界压力而产生的消极情绪,常常伴有厌恶、痛苦、羞愧、自卑等情绪体验。长期忧郁会使人的身心受到损害,使人无法正常地工作、学习和生活。当我们出现郁郁寡欢、思维迟缓、丧失兴趣、闷闷不乐、缺乏活力、反应迟钝等情况时,就要注意自己的情绪,并选择适当的方法战胜这种消极情绪,从而从忧郁状态中解脱出来。

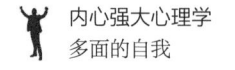

保持积极心态，摆脱抑郁

当出现如下三大主要症状——情绪低落、思维迟缓和运动抑制的时候，一定要给予重视，因为这是抑郁的表现。抑郁会严重困扰生活和工作，会赶走一个人的积极情绪，使其丧失对周围人的爱。抑郁的人感到自己缺乏生气。

一位年轻人在拜访心理咨询师时这样描述了自己的感受：

"我从不认为自己很差，不认为自己很糟糕。但我觉得自己像'白开水'，感觉自己既不是很可爱也不是不可爱，没有任何特别的地方。小时候我常受到父母的忽视。他们从未虐待过我，但也没有关注过我。由于生活中没有人在乎我，这使我产生了空虚感。"

如果我们长期被抑郁控制的话，生活将失去光彩。具体来说，抑郁有以下表现：

（1）大部分时间感到沮丧或忧愁。

（2）缺乏活力，总是感到累。

（3）对以前喜欢做的事情缺乏兴趣。

（3）体重急剧增加或急剧下降。

（4）睡眠习惯改变巨大（不能入睡、长睡不醒，或很早起床）。

（5）有罪恶感或无用感。

（6）有无法解释的疼痛（但身体没有任何毛病）。

（7）悲观或漠然（对现在和将来的任何事情都毫不关心）。

（8）有自杀的想法。

那么，我们该怎样让自己走出抑郁的泥潭呢？

1. 淡化抑郁情绪

要改变这种状态，重要的是要认识到这些症状是抑郁的自然反应。抑郁夺走了你的热情，不是你这个人本身缺乏热情，而是你所处的心理状态使然。一旦情绪改善，你的热情会自然复苏。但前提是，你要淡化抑郁情绪给自己带来的影响，要告诉自己抑郁是可以摆脱的。

2. 牢记"塞翁失马，焉知非福"

抑郁会让你深入反思和内省，走出抑郁后的你可能会达到比以前更高的层次。所以，如果你抑郁了，不要认为自己是不幸的。

3. 制定目标，多与自己比较

我们在定义成功的时候，尽量不要过多地与他人比较。也就是说，自己的行为哪怕是小小的进步，也是值得高兴的。

思考以上三条原则，找出你的原因所在并加以改正。相信

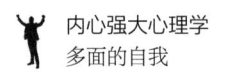

你一定会战胜抑郁,生活得多姿多彩。

心态启示:

即使心情抑郁了也不必担心,你只要告诉自己,我的情绪正在发烧,还会打喷嚏,现在很痛苦,但总有一天就会好的。

如何摆脱患得患失

世界上最可怜又无助的人,莫过于那些总是瞻前顾后、不知道取舍的人;莫过于那些不敢承担风险、彷徨犹豫的人;莫过于那些无法忍受压力、优柔寡断的人;莫过于那些容易受他人影响、没有主见的人;莫过于那些拈轻怕重、不思进取的人;莫过于那些从未感受到自身内在力量的伟大的人,他们总是背信弃义、左右摇摆,最终自己毁坏了名声,最终一事无成。"

有一位年轻人长相帅气,为人厚道,但就是有个缺点,做事优柔寡断,就连追女孩子也是如此。

一天,他很想约他的爱人出门,但是他又担心不知道应不应该去,恐怕去了之后显得太冒昧,或者他的爱人太忙,拒绝他的邀请,但不去按门铃又很想念他的爱人。于是他左右为难了很久,最后勉强下决心去了。

但是当车一进他爱人住的巷子时就开始后悔不该来,怕这次来了不受欢迎,怕被爱人拒绝,甚至希望司机把他现在就拉回去。车子终于停在他爱人家的门前了,他虽然后悔来,

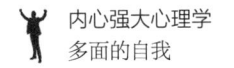

但既然来了，只得伸手去按门铃，现在他只希望来开门的人告诉他："小姐不在家"。他按了一下门铃，等了三分钟没有回应，又勉强自己按了第二次，等了两分钟仍然没有回应，于是如释重负地想："全家都出去了。"

他带着一半轻松和一半失望回去了，心里想这样也好。但事实上他心里很难过。

其实，他万万没有想到的是，他的爱人就在家里，这个女孩从早晨就盼望他会突然来找她。但她不知道他曾经来过，因为她家的门铃坏了。

这个年轻人如果不是那么患得患失、瞻前顾后；如果他像别人一样因事来访，按电铃没人应声就用手敲门试试看的话，他们就会有一个快乐的下午了。但是他并没有下定决心，最终徒劳往返，让他的爱人也黯然失望。

那么，我们该怎样克服患得患失的心态呢？

1. 摘掉假面具

与人交往，坦白自己的感受、承认自己的不足，这会让你觉得更轻松，也会让他人觉得你更可爱。越是掩饰不足，你就越会紧张，并且使自己看起来很虚伪。坦白是把双方距离拉近的有效方法。

2. 化焦虑为力量

一般来说，我们对成功的渴望越强，就越容易焦虑，而要克服这一点，我们可以反过来看这个问题，让情绪来帮忙，从不同角度来看问题——从好处看，而不是从坏处看。当你对自己有信心、具有表达自己感受的勇气时，就能减轻自己的焦虑，使之化为力量，从而坚强起来。

3.专注事情本身，淡化焦虑

如果太注重成功，结果往往会失败。只有注重事物本身的特点及规律，专心致志地去做，你才会收到意想不到的效果。

心态启示：

我们越是太过于专注某一件事情，越是很难做好。许多感觉实在难以完成的任务，以平常心去对待，往往却又轻而易举地完成了。

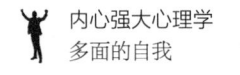

建立信任，远离猜忌的烦恼

每个人都有疑心，这是一种在社会生活中自我保护的正常的心理活动，但所谓的自我保护，是相对于那些相交甚浅甚至是陌生人的，而对于自己的朋友则应该以信任为基础。如果对待朋友处处设防，则不利于人际交往。

一个人丢了斧头，在没有弄清事实真相以前，总是怀疑别人偷了他的斧子，在他眼里别人怎么看怎么像小偷。当他在自己家中找到斧子之后，才知道自己怀疑错了，也感觉邻居更友善了。

"天下本无事，庸人自扰之"，问题的根源常常是自己的猜忌和多疑。

实际上，无端的猜忌属于心理不健康。多疑的人心胸狭隘、斤斤计较、患得患失，眼里总是坏人比好人多，所以朋友很少，更无至交。疑心重的人思想飘忽不定，心无主见，容易受人挑唆、无中生有、怀疑一切。由于心理不健康，往往生出许多事端，自己给自己制造麻烦，事后又常常后悔不迭。

那么，如何赶走人际交往中的猜忌心理呢？

1. 理性思考，不无端猜疑

当你发现自己在猜疑一件事或者一个人时，不妨中断一下自己的思维，问一问自己为什么要猜疑？这样做对吗？如果怀疑是错误的，有哪几种可能发生的情况？在作出决定前，多问几个"为什么"有利于冷静思索。

2. 发现自己的优点，增强自信心

每个人都不是完美的，有优点自然也有缺点，但我们不要一味地盯着自己的缺点看，这样只会让自己灰心丧气。发现自己的优点能帮助培养自信心、历练自己的能力，从而更有信心地生活。

3. 从心理上根除猜疑

从心理上根除猜疑，行为也就能更加合理。要告诉自己，那个我不喜欢的人并不是坏人，我只是放大了他的缺点，没看到他的优点而已。长期做这样的心理暗示，必能让你根除猜疑。

4. 增强自我调节能力

人生在世，我们不可能让每个人都称赞我们，我们不必猜疑别人对自己的评价。但丁有一句名言："走自己的路，让别人说去吧。"要善于调节自己的心情，不要在意他人的议论，该怎样做还是怎样做，这样不仅解脱了自己，产生的怀疑也烟消云散。

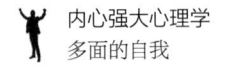

5. 多沟通，解除疑惑

在人际交往中，彼此之间会有一些摩擦或误解，这也许是由于理想、观念的不同导致态度不同，也有些猜疑来源于相互的误解。这些情况应该通过适当的方式予以解决，比如，两个人坐下来交流。通过谈心，不仅可以使各自的想法为对方所了解，消除误会，还能避免因误解而产生冲突。

心态启示：

只有不断地战胜自我，才能放下心理多疑。战胜自己的狭隘，就会心怀坦荡开朗；战胜自己的偏激，就会理智处事；战胜自己的浅陋，就会多一些宽容；战胜自己的孤僻，就会多一些友谊。这样不断战胜自我，才会迎来美好、和谐、舒畅、顺达的人生。

摆脱孤独感，获得真正的朋友

我们生活的周围有这样一类人：他们因容貌、身材、修养等方面的因素不敢与周围的人交往，逐渐产生孤僻心理。社会心理学家经过跟踪调查发现，在人际交往中那些孤僻的人往往难获得和谐的人际关系，也无法从这种关系获得满足和快乐。

一般来说，孤僻心理都有以下几个表现：

太过冷静。理想的心理状态应该是乐观的、积极的、稳定的，不会因琐事忧心忡忡，也不会冲动莽撞。然而有些人似乎总是以冷静和沉默来面对周遭发生的一切，其实这是典型的孤僻心理。

行为偏执极端。一些人遇到不顺心的事，就采取过激的行为来发泄，这也是孤僻心理的表现。

意志品质欠佳。意志坚强的人能对自己的行为有一定的自制意识和调节能力，既不刚愎自用，也不盲目随从，而是在实践中注意培养自己的果断与毅力，经得起挫折与磨难的考验。

那么，如何消除孤僻心理呢？应注意做到以下几点：

1.完善个性品质

其实只要你拥有良好的交往品质，从恐惧中迈出第一步，

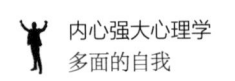

就能得到朋友的喜欢，心结慢慢地也就解开了。"人之相知，贵在知心。"真诚能使交往双方心心相印，能使交往者的友谊地久天长。

2.正确评价自己和他人

孤僻的人一般不能正确地评价自己，要么总认为自己不如别人，怕被讥讽、嘲笑、拒绝，从而把自己紧紧地包裹起来，保护着脆弱的自尊心；要么自命不凡，不屑于和别人交往。孤僻者需要正确地认识别人和自己，多尝试与他人交流思想、沟通感情，享受朋友间的友谊与温暖。

3.培养健康情趣

健康的生活情趣可以有效地消除孤僻心理。利用闲暇潜心研究一门学问、学习一门技术、写写日记、听听音乐、练练书法，或种草养花等，都有利于消除孤僻心理。

4.学习交往技巧

你可以多看一些有关人际交往的书籍、多学习一些交往技巧，把这些技巧运用到人际交往中，长此以往你的性格会越来越开朗，人际关系也会越来越好，同时你会收获不少知识，认知上的偏差也就能得到纠正。

心态启示：

人生是精彩的，但一个人是寂寞的，一个人的世界并不精彩，那么何不敞开心扉？

第十二章
放下怨恨，学会遗忘痛苦才能迎接新生活

人世万般仇恨，皆源于仇恨者本身，能引导其脱离仇恨的明灯的，唯有那颗始终不忘自我救赎的心。不学会原谅，折磨的不仅是别人，更是你自己。原谅像润滑剂，不仅可以让你的心灵得到释放，还能让紧张的人际关系得到缓解。

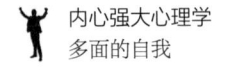

淡化仇恨，用宽容面对世界

我们时刻需要与人交往，其间难免产生摩擦和误会，仇恨也可能会因此产生，但无论如何千万要记住，这个世界上有很多美好的事物，多看事物的美好一面，就会少一份障碍，多一份成功。

真正的成功者不仅拥有杰出的能力和智慧，更有着宽广的胸怀。善于忘记仇恨，是成功者的一个特征。那些能忘掉过去不快的人，脚步更轻松，有更多的精力努力前进。只有忘记仇恨，宽宏大量，才能与人和睦相处，才会赢得他人的友谊和信任，才会赢得他人的支持和帮助。

那么，我们怎样才能淡化心中的仇恨呢？

1.不要念念不忘别人的"坏处"，改"仇"为善

把别人的缺点、坏处放在自己心里，其实受折磨的是自己。许多情况下，所谓的"仇人"，其实不过是自己给自己树立的"假想敌"。退一步说，即使是"仇人"，对方心存歉意，你如果能原谅对方，帮对方一把，就会使对方感念其诚，改"仇"为善。把"仇人"看作朋友，坚持感情的输送、坚持礼让。如果你这样做了，说明你正在一点点地提高自己，开阔自己。

2. 用快乐淡化仇恨

人生短暂，我们应该做的是好好地享受人生、开心地生活。当仇恨心理出现的时候，我们要做的是多想象生活中快乐的事，用快乐的情绪冲淡仇恨。

每个人心中都有一把"快乐的钥匙"，却常在不知不觉中把它交给别人掌管。我们身处的地方，不论是环境、人、事、物，都很容易影响我们的情绪，可是千万不要忘了，决定快乐的钥匙，只在你自己手中！

你在心里是否原谅别人的错误，对于对方来说并没有多少影响，而对于你来说则有很大不同。如果你不原谅，选择继续怨恨、纠缠等，那么痛苦的只有你自己。这实际上是个心理转换的过程，把自己的心灵从被别人带给你的伤害和不快中解脱出来。

心态启示：

忘记仇恨，才能提升自己、让自己幸福。学会宽恕自己、宽恕别人，我们才会活得更加如意、更加幸福。

内心强大心理学
多面的自我

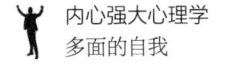

化解内心怨恨，重拾平和心态

仇恨会使别人受到伤害，同时自己也受到伤害。仇恨吞噬我们的健康，冤冤相报是我们所不愿看到的。其实，面对他人的伤害、欺骗等行为，如果我们能从对方的角度考虑，便会理解他的处境，从而减轻乃至消除怨恨。

一次，我国著名书法家启功先生在北京参加书法调研活动之余，与同行者游玩，没想到居然有人问他："我有启功的真迹，你要吗？"启功说："拿来我看看。"那人把条幅递给他。这时随启功一起来的人问卖字幅的人："你认识启功吗？"那人很自信地说："认识，是我的老师。"

随行者转问启功："启老，你有这个学生吗？"对方刹那间陷于尴尬、恐慌、无地自容之境，哀求道："实在是因为生活困难才出此下策，还望老先生高抬贵手。"启功宽厚地笑道："既然是为生计所害，仿就仿吧，可不能模仿我的笔迹写反动标语啊！"那人低着头说："不敢！不敢！"说罢一溜烟地跑走了。同来的人说："启老，你怎么让他走了？"启功幽默地说："不让他走，还准备送人家上公安局啊？人家用我的名字是看得起我，再者，要是因为生活困难缺钱，他要是找我借，我不是也得借给他吗？当年的文徵明、唐寅等人，听说有人仿造他们的书画，不但不加辩驳，还在赝品上题字，让穷朋友多卖几个钱。人家古人都那么大度，我何必那么小家子气呢？"

这里我们看到了一个老艺术家心灵上的大彻大悟之境，充满着一种"身心无挂碍，随处任方圆"的大气和洒脱。启功的一番话表达了对穷苦人生活状况的关心，更体现了他的善良。

可见，宽容是一种美德，是对犯错误的人的救赎，也是对自己心灵的升华。不要总是认为对方怎么伤害、得罪了你，给你造成了多少损失，而应该想想这件事值不值得你伤神，想想对方是不是值得要你发火。他是故意的还是无心的？平日待你如何？给对方一个机会，就是给自己一个机会。有时，原谅远远要比惩罚来得有效。也许对方只是一时的失误，也许只是一闪而过的歪念。人总有犯错误的时候，宽恕他人就是救赎自己！

心态启示：

与他人交往的过程中，不免会产生许多小摩擦、小误会、小睚眦。对此，如果能转换一下思维，多体谅他人，怨恨的情绪也就能减轻甚至消除了。

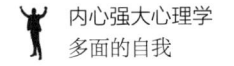

别让仇恨毁了你的人生

在日常生活中,我们难免与别人产生误会和摩擦,如果对他人产生仇恨之意,仇恨便会悄悄成长,最终会阻塞通往成功的路。仇恨是火,这团火藏在你的心里,而你一直仇恨的对象却在你的心外,那么这团火就只烧着你自己的心,对方或许连一点点热度都感受不到。所以放下仇恨吧,学会宽容对方,也就是在宽容自己。

仇恨就像一粒种子,最终会种出人际间的不信任、敌意、怀疑……如果这仇恨的种子被到处播撒,它不仅会危害到个人的生活,还会影响到整个社会。

那些总是满怀仇恨的人,仇恨之火同时也在伤害他们自己、毁灭自己。

仇恨的产生并不是无缘无故的,我们每个人并不会随便恨一个人,仇恨的产生往往是因为他人做了伤害我们的事。在认清这一点后,我们应该找到灭火的方法,仇恨来自内心,是无法通过改变仇恨对象而得到缓解的。因此,我们应当积极地调整自己的心态,不要任仇恨之火肆意蔓延。

仇恨最可怕的地方在于,如果不主动浇灭内心的仇恨之火,它便会无休止地蔓延开来。

排解仇恨情绪是一个净化心灵的过程。我们可以尝试说服自己:他之所以这样做是有一定缘由的,我应该原谅他。慢慢地让自己接受现实,从心底理解和原谅他人,进而让仇恨情绪随着时间的推移逐渐淡去。我们也应学会宽容,让自己不再那么容易受伤,这样才能防患于未然不让仇恨之火轻易燃起。

心态启示:

只要存在人际交往,就会产生摩擦、误解甚至仇恨。如果心中始终装着自己给自己编织的"仇恨袋",生活只会如负重登山,举步维艰。假如你不愿意宽恕,这个重担将一辈子跟随着你。通过宽恕治愈情感上的伤害,你便可以让自己痊愈。

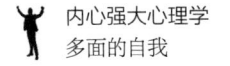

以德报怨，让对方的敌意如冰消释

古人云"以牙还牙，以眼还眼"。这可能是大多数人对待对手最常采取的手段和方式了。古往今来在漫漫的历史长河中，正是因为这一心理酿成了多少冤冤相报的历史悲剧。诚然，许多悲剧性事件的发生具有复杂的原因，但争端无不起源于双方的互不相让和冤冤相报。

如果人类在仇恨面前能冷静下来，以宽容的心态面对冲突，能够放弃不必要的争斗并以德报怨，许多悲剧是可以避免的，甚至历史可能会呈现一种别样的美丽。

魏国边境靠近楚国的地方有一个小县，一个叫宋就的大夫被派往这个小县去做县令。

两国交界的地方住着两国的村民，村民们都喜欢种瓜。这一年春天，两国的村民又都种下了瓜种。不巧这年春天天气比较干旱，瓜苗由于缺水长得很慢。魏国的一些村民担心这样旱下去会影响收成，就组织一些人每天晚上挑水到地里浇瓜。

连续浇了几天，魏国村民瓜地里的瓜苗长势明显好起来，比楚国村民种的瓜苗要高不少。

第十二章
放下怨恨，学会遗忘痛苦才能迎接新生活

楚国村民看到魏国村民种的瓜长得又快又好，内心非常嫉妒，有些人晚间便偷偷潜到魏国村民的瓜地里去踩踏瓜秧。魏国村民十分生气，急忙去找县令，要教训一下楚国人。

宋县令忙请村民们消消气，让他们都坐下，然后对他们说："我看，你们最好不要去回踩他们的瓜地。"

村民们气愤至极哪里听得进去，纷纷嚷道："难道我们怕他们不成，为什么让他们如此欺负我们？"

宋就摇摇头，耐心地说："如果你们一定要去报复，最多解解心头之恨，可是以后呢？他们也不会善罢甘休，如此下去，双方互相破坏，谁都不会收获。"

村民们皱紧眉头问："那我们该怎么办呢？"

宋就说："你们每天晚上去帮他们浇地，结果怎样，你们自己就会看到。"

村民们只好按宋县令的意思去做，楚国的村民发现魏国村民不但不记恨，反倒天天帮他们浇水，惭愧得无地自容。

这件事后来被楚国边境的县令知道了，便将此事上报楚王。楚王原本对魏国虎视眈眈，听了此事，深受触动而甚觉不安，于是，主动与魏国和好，并送去很多礼物，对魏国有如此好的官员和百姓表示赞赏。魏王见宋就为两国的友好往来立了功，下令重重地赏赐宋就和他的百姓。

在漫长的人生路途中，我们难免会受到来自他人和外在世

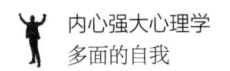

界的伤害，却很少有人能真正做到以包容的心对待仇恨，很多人宁愿将仇恨的种子深种在心里。殊不知仇恨的对象是他人，受伤的却是自己。当你被仇恨之火点燃时，不妨问一问自己：我快乐吗？如果答案是否定的，你是否可以试着抛弃那些灼伤你的仇恨，换一颗宽恕之心？或许你会发现，宽恕比仇恨更快乐。

心态启示：

冤冤相报何时了，真正的智慧是以德报怨，用宽容来回报伤害。这样，我们的生命会因此拓宽，我们的世界会呈现出化干戈为玉帛的祥和之景。

第十二章
放下怨恨，学会遗忘痛苦才能迎接新生活

感谢伤害你的人，他让你变得更优秀

我们都渴望一帆风顺、事事如意，而事实上，我们总是遇到各种大大小小的烦心事，这些事总是折磨人心，让人焦躁不安、不得安宁。人的生命就是一个破茧成蝶的过程，我们的身心只有在经过不断历练之后，才会变得更加坚强。法国文豪罗曼·罗兰说："从远处看，人生的不幸、折磨还是很有诗意的！一个人最怕庸庸碌碌地度过一生。"追逐成功的过程中，我们总会遇到伤害我们的人，此时唯有忍耐和感恩，才能让我们正视折磨，正视脚下的路。可以说，会感谢伤害自己的人，才能真正领悟。

那些我们恨得咬牙切齿、伤害我们的人，实际上正是我们应该感谢的人，是他们让我们懂得自救，激发我们努力、奋斗。

的确，即使你是个人际关系再好的人，也可能有几个"仇人"，或许他们就是绊倒你的人，或许他们让你身负巨债、让你背黑锅、让你活得不清净。如果内心只有仇恨，就永远无法从中学到该学的，也永远不懂得为何失败。从整个人生来看，你的"仇人"也正是你的恩人。好好感谢他们吧！也许

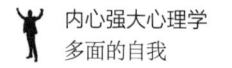

就是因为当初他们把推你下水,你才学会"游泳"。

心态启示:

最高境界的宽恕,是宽容那些曾经伤害过自己的人。这不是一件容易的事,但是如果我们这样做了,就会从中体验到我们精神的富有和强大。

走出怨恨，做快乐的自己

随着生活节奏的加快，在面对烦琐、复杂的人际关系时，在个人利益与其他利益相互冲突时，似乎人们不再那么心平气和了，一些人甚至选择了利己主义的价值观，心胸变得狭隘，为了一些小事大打出手，污言秽语。如果换位思考，内心宽广一点，定会化干戈为玉帛，在放过别人的同时，也放过自己，否则只能陷入仇恨的怪圈之中。

一个人行走在马路上，突然看到一个小球挡住了自己前进的路，于是他便准备踢走这个小球。谁知这个球居然越踢越大，此人觉得很奇怪，于是继续踢，谁知道这个球居然不断膨胀，顶天立地，吓得此人拔腿就逃。这时女神出现了，告诉他这个小球叫"仇恨"，如果你不去碰它，它会安然无事，如若不断撞击，它就会加剧膨胀，一发而不可收。

这就是仇恨，它并不是生长在路边，而是生长在我们的心中。每当你为一件小事仇恨时，它就不断膨胀，而当它膨胀到堵塞了心灵的天空时，就会爆炸。

大家都在向往着幸福，我们应该心存感激地生活。仇恨不

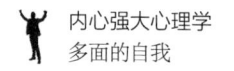

会让你快乐，它是你感情上的累赘。你所恨的人曾经对你造成的伤害也许是无意的，仇恨却使你产生报复的行为，这会使对方也会拿起反抗的武器。正所谓冤冤相报何时了，将心比心，有些冲突本可以避免，何必要扩大这份痛苦呢？

因此，不要再执拗地将仇恨放在心里，这会让你失去理智。仇恨有什么意义呢？何不放下它，保持平和的局面，而非"两败俱伤"。当仇恨在心中化解时，你会发现做人原来是这样轻松惬意；幸福的心情是这样唾手可得；人生是这样美妙神奇。

那么，我们怎样摆脱以牙还牙的想法呢？

1. 学会宽容，懂得忍耐

宽容不仅是给别人机会，更是为自己创造机会。只有忘记仇恨，宽宏大量，才能与人和睦相处，才会赢得他人的友谊和信任、才会赢得他人的支持和帮助。

2. 转换角度，找出事情良性的一面

每件事情都有两面性，既然有好的一面，也就有坏的一面。人之所以仇恨，就是因为人只看见了坏的一面，如果试着向好的一面看，仇恨也许会消除。

心态启示：

"爱人者，人恒爱之。"仇恨则使人们相互倾轧、相互远离，使人们相互依存的同盟分裂、瓦解。所以，丢掉仇恨，也就拯救了自己。只要学会放下，心中就会装满愉悦。与人为善，即与己为善；与人方便，即与己方便，或许你会因此活出自己的新天地。

第十三章
学会释怀，凡事看开一点

有人说："天使之所以会飞，是因为它们把自己看得很轻。人之所以有痛苦烦恼，常常就是因为不能把自己看淡、看轻一点。"很多事不要太刻意强求，要淡然地面对。不论生命过程有多少不如意，一定要找个理由让自己快乐起来，凡事看开一点，从容地应对才是最重要的。

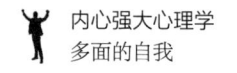

给自己一个微笑，让心情豁然开朗

很多人因为自己的一些缺点而感到自卑，甚至会一蹶不振。然而，如果一个人足够自信的话，这些缺点也是美的。因此无论何时，我们都要学会对自己微笑，肯定自己，这样才能放松心情。

霍金于1942年在英格兰出生。他在年仅20岁时患上了一种肌肉不断萎缩的怪病，整个身体能够自主活动的部位越来越少，以致最后永远地被固定在轮椅上。可他并没有因此而中断学习和科研，一直以乐观的精神和顽强的毅力攀登科学的高峰。

霍金毕业于牛津大学，毕业以后长期从事宇宙基本定律的研究工作。他在从事的研究领域中，取得了令世人瞩目与震惊的成就。

在一次学术报告会上，一位女记者提出了一个令全场听众感到十分吃惊的问题："霍金先生，疾病已将您永远固定在轮椅上，您不认为命运对您太不公平了吗？"这显然是个触及伤痛，难以回答的问题。

第十三章
学会释怀，凡事看开一点

顿时报告厅内鸦雀无声，所有人都注视着霍金，只见霍金头部斜靠着椅背，面带着安详的微笑，用能动的手指敲击着键盘。文字从屏幕上缓慢显示出来，人们看到了这样一段震撼心灵的回答："我的手指还能活动，我的大脑还能思考。我有我终生追求的理想，我有我爱和爱我的亲人和朋友。"

报告厅里响起了长时间热烈的掌声，那是从人们心底迸发出的敬意和钦佩。

科学巨人霍金向我们证明：即使你满身缺点，你也一定有可以引以为傲的优点，这些优点一样可以让你自信。对于那些不能改变的外在缺陷，既不要悲伤，也不要失望，而应该庆幸。那些成功的人并非完人，只是因为他们能微笑地面对缺陷与挫折。为此，你需要做到：

1.发挥自己的长处

人的心里"住"着两种心态：一种是自信，另一种是自卑。人们总是在战胜自卑、建立自信的过程中成长的。人无完人，每个人都有自己的长处和短处，所以你在做事的时候，一定要注意发挥自己的长处，规避自己的短处。如果你总是拿自己的短处与别人的长处比，那你很容易产生自卑感。

2.积极暗示

人生中重要的事情不是感到惬意，而是感到充沛的活力。强烈的自我激励是成功的先决条件。所以，学会自我激励，就

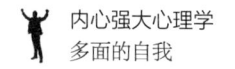

是要经常在内心告诉自己：我相信自己可以做到。如果你的心被自卑掩埋，那么你就输了。有自信，即使面对逆境也能泰然自若，自信是力量增长的源泉。

心态启示：

没有人是毫无缺点的，关键在于这个缺点在我们的内心占据多大的份额。如果我们将缺点无限制放大，它将会腐蚀我们内心，阻碍我们成功；如果我们能正视缺点，并在心里把缺点限制在一定的范围内，它就会成为我们努力和奋斗的催化剂，助我们成功。

第十三章
学会释怀，凡事看开一点

人生没有退路，凡事尽力而为

我们常说：人比人，气死人。这话没错，人们似乎已经习惯了拿自己与他人对比，而一比就会发现自己事事不如人，在众人面前抬不起头来，这样无疑加重了自己的心理负担。

现代社会中，人们之所以感到压力大，很多时候是源于无谓的攀比，比吃、比穿、比住……结果最终导致自己内心崩溃。如果我们注重内心世界的感受，或许能淡化争强好胜的心。

街头有一名男子弹着吉他，为过路的人演唱。有一个姑娘路过，她吃惊地问男子："你这么年轻为什么在街头卖唱？"男子说："我觉得这样很好，能给大家带来幸福！我每天过得很充实不觉得低贱。难道只有金钱可以决定幸福与否吗？"

从这件事可以看出，价值不是用金钱与物质衡量的，幸福不是金钱带来的。只有放下对物质的追求，注重精神世界的充盈，才能真正活出自我，得到真正的幸福。要调整这种心理状态，我们应该客观地认识自己、认识面子问题，不要提出超出

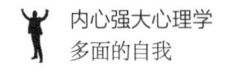

自己实际能力的期望。

现代社会中，人们不可能像陶渊明一样，完全做到"隐于市"，但至少可以以正确的心态对待竞争。良性的竞争有助于自我鞭策与激励，充实内在；而恶性的竞争会使人陷入为达目的誓不罢休的地步。实际上，人们在被对手贬低的时候都会有一种反击的心理。你的打击可能是让对手努力的动力。

心态启示：

每个人都不应该故步自封，而应该不断充实、超越自己，但积极不能过了头，不能演变成争强好胜。每个人的目标都应恰到好处，只有切合实际的超越、对比，才会使自己不断进步、使自己受益多多、让生活充满活力！

享受过程，而不是计较结果

人们都渴望人生丰富多彩，不遗余力地追求理想目标的实现，却忘记了淡然地享受人生就是幸福快乐。其实，无论人生目标有多么瑰丽辉煌，也不能为了"短暂"的拥有而放弃过程里的开心微笑。

人不能改变过去，也不能控制将来，人能控制改变的只是此时此刻的心念、语言和行为。过去和未来的东西都是虚无缥缈的，只有当下才是真实的。因此，在有限的生命中，我们都应该学会体验生命过程的丰富多彩，享受其中的愉快幸福。

一位迟暮之年的富翁，沐浴着冬日的阳光在海边散步。他看到一个渔夫在悠闲地晒着太阳，就问道："你为什么不捕些鱼呢？"

"为什么要捕那么多鱼呢？"渔夫反问道。

"挣钱买大渔船啊！"

"买大渔船干什么？"

"捕更多的鱼，你就可以成为富翁了。"

"成了富翁又能怎么样呢？"

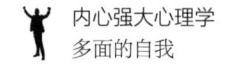

"你就不用捕鱼了,可以幸福自在地晒太阳啦!"

"我不是正在晒太阳吗?"

富翁哑口无言。

是啊,有时候我们苦苦追求的所谓幸福与快乐,其实就在眼前,那又为什么不知足呢?很多人经过多年的打拼和艰苦的奋斗,也许会有所成就。但人的一生就该如此忙碌地拼搏吗?其实,享受真正的人生之旅比直到旅程结束时还没有感受到快乐重要得多。

幸福是一种心境,是淡泊宁静、不计较得失、不在乎成败。这是一种睿智的生活态度和生活方式。

很多人认为,最美好的风景当然是在前方,于是他们总是马不停蹄地赶路,总是对前方的路满怀期待。然而他们总是不断地失望。他们忽略的是,身边的风景也会让人沉醉!

对欲望的追求加快了我们前进的脚步,总觉得不远处的鲜花和掌声正在向我们招手,不容我们用更多的时间去欣赏周遭的风景。当我们疲惫不堪地攫取了满怀鲜花时,当我们白发苍苍时,反而会发现曾经在路边绽放的小花更加惹人爱怜,然而到那时,我们常常已没有机会再回头去欣赏它的淡雅美丽了。

可见,我们要懂得享受过程,真正让我们满足的也是过程。人的一生也是如此,最美的不是结果,而是人生的旅途。

第十三章
学会释怀,凡事看开一点

心态启示:

生命的意义不仅在于成就多么伟大的事业,实现崇高的人生目标,或者拥有巨额的财富,也在于淡然地享受人生追求过程中的愉快心情,感受人生过程里那份淡淡的幸福味道。

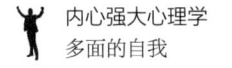

放平心态，别为小事情紧张

人的一生中总会经历不同的坎坷与困难，没有一个人可以保证人生一帆风顺。生活中的小麻烦、小问题总是此起彼伏，我们常常会因为处理这些小问题而烦恼不堪。其实，问题的好坏还在于我们看待它们的角度。我们若把问题的焦点放在坏的一面，看到的就是满目疮痍；若多看好的一面，看到的就是春光灿烂。

从前一位农夫有两个水桶，一个是好的，另一个有一条裂缝。农夫每次到河边挑水时，那个完好的水桶总是能把水满满地盛回主人家里，而那有一条裂缝的桶每次回到主人家时都只盛一半的水，这时有裂缝的桶就感觉无比痛苦自卑。

有一天，有裂缝的水桶鼓足了勇气跟主人说："我为自己每次只盛半桶水而惭愧和自卑。"农夫惊讶地说："难道你没看到你那边长的茂盛且美丽的花草吗？而另外一边草木不生，你为我带来了许多美丽的风景啊！"

这个小故事告诉我们，任何事情都有两面性，我们在为事情而烦恼甚至产生坏情绪时，何不转换一下看问题的眼光呢？瑕不掩瑜，没有必要为那些小问题而紧张。

"没有人的一生一帆风顺，任何人都会遭逢厄运。积极的心态和顽强的努力会让你解决任何难题。真正的成功秘诀是'肯定人生'四个字，如果你能以坚定而乐观的态度去面对一切困难险阻，那么你一定能从中得到好处。"

你还在为自己处理不好一件小事而自怨自艾吗？实际上，你不必苛求自己。人生在世，无论我们做什么事，如果紧紧盯着事情的消极面，事事都将会成为我们愉快生活的障碍。减轻自己的心理负荷，抛开一切得失成败，我们才会获得一份超然和自在，才能享受幸福、成功的人生。

那些让你痛苦的烦恼常常都是可以解决的，只要你换个心情、换个角度，看到的就是另外一片风景。所以在遇到苦难挫折时，不妨把暂时的困难当作黎明前的黑暗。只要以积极的心态去观察、去思考，就会发现事实远没有想象中的那样糟糕。换个角度去观察，世界会更美。

心态启示：

世界是否美丽，由我们的眼睛决定。悲观地看待世事，凡事想得太绝望，眼中的世界将是一片灰暗；凡事心中乐观，眼中的世界就是一片光明。积极的心态能够激发我们自身的聪明才智，一个人如果心态积极，乐观地面对人生，那他就成功了一半。

参考文献

[1] 陶思璇. 多面的自我[M]. 北京：民主与建设出版社，2021.

[2] 罗西里尼. 认识自我[M]. 宇华，周希，译. 天津：天津人民出版社，2020.

[3] 杨婧. 认识自我的5种方法[M]. 北京：光明日报出版社，2012.

[4] 孙向晨，林晖. 认识自我[M]. 济南：泰山出版社，2022.